Unnützes Wissen
Astronomie

66 faszinierende Einblicke in die Geheimnisse des Universums

Lindsay Moon

WWW.LINDSAYMOON.DE

INHALTSVERZEICHNIS

EINLEITUNG 5
SAGENHAFTE DIMENSIONEN 7
TANZ DER GALAXIEN 9
KOSMISCHE GEBURT 11
TREUER BEGLEITER DER ERDE......................13
STÜRME OHNE ENDE....................................15
GIGANT DER FINSTERNIS..............................17
ACHT WELTEN IM DICHTEN TANZ 19
BOTSCHAFT VOM BEGINN DER ZEIT 21
JENSEITS DER VORSTELLUNGSKRAFT...........23
GAST AUS DER UNENDLICHKEIT....................25
BODYGUARD DER INNEREN PLANETEN........27
HIMMELSFEUER AUS SANDKÖRNERN 29
PLANET DER EWIGEN HITZE 31
MEHR STERNE ALS SAND 33
EIN JUWEL IN DER FINSTERNIS 35
RÄTSEL DER DUNKLEN MASSE 37
SPURENSUCHE IM ROTEN STAUB..................39
WACHABLÖSUNG IM WELTRAUM 41
GOLDENE BOTSCHAFT DER ERDE 43
KOSMISCHER KREISLAUF DER MATERIE.......45
DAS SCHWEIGEN DES KOSMOS....................47
JENSEITS DES URANUS 49
KALENDER IM TAKT DER SONNE 51
KÖNIG DER ZWERGPLANETEN 53

STAUB AUS DER URZEIT	55
ENERGIE AUS DER TIEFE DES ALLS	57
WEGWEISER DURCH DIE NACHT	59
SPIEGELWELTEN DER UNENDLICHKEIT	61
SPURENSUCHE IM STERNENSTAUB	63
EINSAME GALAXIE AM RAND DER ZEIT	65
BOTSCHAFT OHNE ABSENDER	67
SEKUNDEN IM HERZEN DER SONNE	69
IN 90 MINUTEN UM DIE WELT	71
DAS HELLE BAND DER NACHT	73
ZWISCHEN MARS UND JUPITER	75
STEINERNES MONUMENT DES MARS	77
LEITSTERN DER SEEFAHRER	79
AUF DEN SPUREN DER ENTERPRISE	81
ZWISCHEN EISESKÄLTE UND GLUT	83
DAS EISIGE ARCHIV AM RANDE	85
ECHO EINES STERBENDEN RIESEN	87
DER RIESE UNTER DEN MONDEN	89
DAS FEURIGE ENDE DER WELT	91
SCHMIEDEN DES UNIVERSUMS	93
RÄTSEL DER LANGSAMEN ROTATION	95
EINSTEINS UNGLEICHE GESCHWISTER	97
UNGLEICHE GÜRTEL DER RIESEN	99
DAS FLÜSTERN DER RAUMZEIT	101
SEGELND DURCH DAS VAKUUM	103
DIE GROSSE LEERE IM NICHTS	105
SUCHE NACH DEN ANDEREN	107

ZEITREISEN IN DIE VERGANGENHEIT 109
GIGANTEN IM TASCHENFORMAT 111
DIE ILLUSION DER EWIGKEIT 113
EWIGER TANZ DER GEZEITEN 115
WENN SCHWARZE LÖCHER SCHWITZEN 117
SEKUNDEN DER VERNICHTUNG 119
AM RANDE DER DUNKELHEIT 121
ALCHEMIE DES UNIVERSUMS 123
BOTSCHAFTEN IM GEFILTERTEN LICHT 125
BOTEN DER VERGÄNGLICHKEIT 127
UNSICHTBARER REGEN AUS DEM ALL 129
AUFBRUCH ZU DEN STERNEN 131
REISE INS UNGEWISSE 133
BIG FREEZE ODER BIG CRUNCH 135
ZUM SCHMUNZELN 137
LESEN. BEWERTEN. VERBESSERN! 138
BUCHSERIE »UNNÜTZES WISSEN« 141
BUCHREIHE »BEWUSST LEBEN« 142
LINDSAY MOON: DIE FAKTENJÄGERIN 143
IMPRESSUM 144

EINLEITUNG

Die unendlichen Weiten des Universums beherbergen Geheimnisse, die jedes Vorstellungsvermögen sprengen. Jenseits der Erdatmosphäre erstreckt sich ein Kosmos voller physikalischer Wunder – von leuchtenden Sternen bis hin zu mysteriösen Schwarzen Löchern, die Licht und Materie unwiederbringlich verschlingen. Diese Reise führt tief in den Weltraum zu fernen Exoplaneten, also Welten, die außerhalb unseres eigenen Sonnensystems um fremde Sonnen kreisen.

Oft übertrifft die kosmische Realität jede Fiktion. In der Stille des Vakuums existieren Objekte von unvorstellbarer Beschaffenheit, wie etwa Sterne, deren Kerne aus kristallinem Kohlenstoff bestehen und die damit gigantischen Diamanten im All gleichen. Noch extremer zeigen sich Neutronensterne. Diese Überreste kollabierter Sonnen besitzen eine so enorme Dichte, dass bereits ein Teelöffel ihrer Materie auf der Erde Milliarden von Tonnen wiegen würde. Inmitten dieser Giganten herrscht eine absolute, fast unheimliche Stille, da sich Schallwellen ohne eine Atmosphäre als Trägermedium im Vakuum nicht ausbreiten können.

Auch in der unmittelbaren Nachbarschaft finden sich Rekorde der Superlative. Auf dem Mars ragt der Olympus Mons empor, ein Schildvulkan, der mit 22 Kilometern Höhe den Mount Everest weit in den Schatten stellt. Ebenso verblüffend ist die Venus: Da sie sich extrem langsam um die eigene Achse dreht, dauert ein einziger Tag dort länger als ein kompletter Umlauf um die Sonne. Ein Venustag ist somit länger als ein Venusjahr. Diese Sammlung faszinierender Erkenntnisse ist eine Hommage an die menschliche Neugier und macht die oft magisch anmutenden Gesetzmäßigkeiten des Kosmos greifbar. Wer in diese Fakten eintaucht, blickt fortan mit einem völlig neuen Verständnis in den nächtlichen Sternenhimmel.

SAGENHAFTE DIMENSIONEN

In der unermesslichen Leere des interstellaren Raums – dem Bereich zwischen den Sternen, der weit hinter dem Einflussbereich unserer Sonne liegt – befindet sich ein einsames, von Menschen geschaffenes Objekt: die Raumsonde Voyager 1. Was einst als kühne Vision begann, ist heute eine technologische Realität, die seit ihrem Start im Jahr 1977 die Grenzen des Bekannten immer weiter hinausschiebt. Mit einer beeindruckenden Geschwindigkeit von etwa 61.500 Kilometern pro Stunde rast dieser metallische Botschafter durch die Dunkelheit. Umgerechnet legt die Sonde damit in jeder einzelnen Sekunde rund 17 Kilometer zurück.

Vergleiche aus dem irdischen Alltag verdeutlichen diese gewaltige Dynamik auf eindrucksvolle Weise. Würde ein Flugzeug mit dem Tempo der Voyager 1 von Hamburg nach München fliegen, bräuchte es für die gesamte Strecke lediglich 35 Sekunden. Städte, Gebirge und Täler würden in einem bloßen Wimpernschlag unter den Flügeln vorbeiziehen und zu einem einzigen Lichtstreifen verschwimmen. Trotz dieser für menschliche Verhältnisse unvorstellbaren Raserei wirken die Distanzen im Kosmos ernüchternd. Selbst bei diesem Tempo benötigt die Sonde über 75.000 Jahre, um lediglich das nächstgelegene Sternensystem Alpha Centauri zu erreichen. 75.000 Jahre!

Während Voyager 1 die schützende Magnetblase unserer Sonne verlässt, dringt sie in eine Zone vor, in der die Distanzen zwischen den Sternen jede Vorstellungskraft sprengen. Würde man das gesamte Sonnensystem auf die Größe eines Sandkorns schrumpfen, wäre der nächste Stern noch immer kilometerweit entfernt. Voyager 1 rast heute als unser einsamster Außenposten durch eine Finsternis, in der es für die nächsten Jahrtausende keinerlei Hindernisse gibt. Damit markiert dieses Objekt den am weitesten entfernten Punkt, den die Menschheit jemals im Universum erreicht hat.

TANZ DER GALAXIEN

Rund 4 Milliarden Jahre in der Zukunft steuert unsere kosmische Heimat auf ein Ereignis von unvorstellbarem Ausmaß zu: die Kollision der Milchstraße mit der Andromeda-Galaxie. Aktuell trennt beide Sterneninseln noch eine Distanz von rund 2,5 Millionen Lichtjahren – wobei ein Lichtjahr die Strecke beschreibt, die das Licht in einem Jahr zurücklegt. Unaufhaltsam rasen diese Giganten mit einer Geschwindigkeit von 110 Kilometern pro Sekunde aufeinander zu. Dieses Zusammentreffen wird die Struktur beider Galaxien über Äonen hinweg fundamental transformieren.

Überraschenderweise bedeutet eine solche Verschmelzung nicht das Ende für einzelne Himmelskörper. Da die Abstände zwischen den Sonnen selbst in dicht besiedelten Gebieten gigantisch sind, bleibt die Wahrscheinlichkeit für direkte Zusammenstöße verschwindend gering. Unser Sonnensystem wird diesen Prozess daher vermutlich unbeschadet überstehen, während sich das Erscheinungsbild des Nachthimmels vollkommen wandelt. Anstatt eines schmalen Bandes der Milchstraße würde ein gewaltiges Lichtermeer den gesamten Horizont ausfüllen.

Während dieses langwierigen Prozesses formen die Gravitationskräfte – die gegenseitige Anziehung der Massen – ein völlig neues Gebilde namens »Milkdromeda«. In den Randbereichen werden gewaltige Gaswolken zusammengedrückt, was eine Welle neuer Sterngeburten auslöst. Im Zentrum spielen sich derweil dramatische Szenen ab, wenn die supermassiven Schwarzen Löcher beider Galaxien aufeinandertreffen. Sie werden sich zunächst umkreisen, um schließlich zu einer einzigen, noch gewaltigeren Schwerkraftfalle zu verschmelzen. Solche Beobachtungen in fernen Regionen des Alls dienen der Wissenschaft heute als wertvoller Blick in die ferne Zukunft unserer eigenen galaktischen Entwicklung.

KOSMISCHE GEBURT

Vor etwa 13,8 Milliarden Jahren nahm die Geschichte von Raum und Zeit ihren Anfang. Zu diesem Zeitpunkt existierte das gesamte Universum in einem unvorstellbar winzigen, heißen und dichten Zustand, den die Wissenschaft als Singularität bezeichnet. Innerhalb eines winzigen Sekundenbruchteils dehnte sich dieser Punkt gewaltig aus und begann abzukühlen, wodurch die ersten fundamentalen Teilchen überhaupt entstehen konnten. Diese Phase markiert nicht etwa eine Explosion in einem bestehenden Raum, sondern die rasante Entstehung und Ausdehnung des Raumes selbst.

Nach dieser initialen Expansion bildeten sich Protonen und Neutronen, die schließlich die Grundlage für die ersten Atome schufen. Dennoch blieb der Kosmos zunächst undurchsichtig, da die Materie so dicht gepackt war, dass Lichtteilchen ständig an freien Elektronen abprallten und nicht entweichen konnten. Erst rund 380.000 Jahre nach dem Urknall sank die Temperatur so weit ab, dass sich stabile Atome formten und der Weg für das Licht frei wurde. Dieses erste Leuchten ist noch heute als kosmische Hintergrundstrahlung im gesamten All nachweisbar und dient der Forschung als fossiles Echo des Schöpfungsmoments.

Anhand dieser schwachen Strahlung lassen sich präzise Rückschlüsse auf die Beschaffenheit des frühen Universums ziehen. Sie bestätigt die Theorie, dass sich der Raum seit jenem Moment unaufhörlich ausdehnt – eine Bewegung, die bis heute mit zunehmender Geschwindigkeit anhält. Obwohl der Begriff »Urknall« oft ein lautes Ereignis suggeriert, fand dieser Prozess in absoluter Stille statt, da Schall ohne ein Trägermedium im Vakuum nicht existieren kann. Solche Erkenntnisse bilden das Rückgrat der modernen Kosmologie, der Lehre von der Entstehung und Entwicklung des Weltalls, und fordern die menschliche Vorstellungskraft immer wieder aufs Neue heraus.

TREUER BEGLEITER DER ERDE

Unser nächster Nachbar im All übt mit einem Durchmesser von etwa 3.474 Kilometern weit mehr als nur eine optische Faszination aus. Die Entstehung dieses Himmelskörpers liegt rund 4,5 Milliarden Jahre zurück und ist vermutlich auf eine gigantische Katastrophe zurückzuführen. Wissenschaftliche Modelle gehen davon aus, dass ein marsgroßes Objekt mit der jungen Erde kollidierte und die dabei ins All geschleuderte Materie schließlich den Mond formte. Seither beeinflusst seine Schwerkraft das Leben auf unserem Planeten maßgeblich, indem sie die Gezeiten der Weltmeere steuert und die Erdachse stabilisiert. Ohne diese regulierende Wirkung wäre das Klima auf der Erde weitaus extremer und instabiler.

Beim Blick durch ein Teleskop offenbart die Oberfläche eine Landschaft voller Narben, die von unzähligen Meteoriteneinschlägen zeugen. Da der Mond über keine schützende Atmosphäre verfügt, treffen kosmische Gesteinsbrocken ungebremst auf den Boden und hinterlassen bleibende Krater. Neben diesen Einschlagstellen prägen dunkle, weite Ebenen das markante Gesicht des Erdtrabanten. Diese Regionen werden als »Maria« bezeichnet, was das lateinische Wort für Meere ist, obwohl es sich dabei in Wahrheit um erstarrte Lavaströme aus der vulkanischen Frühzeit handelt.

Zwischen 1969 und 1972 betraten im Rahmen der Apollo-Missionen insgesamt zwölf Menschen diesen fremden Boden. Die Abwesenheit von Wind und Wasser sorgt dafür, dass die Fußabdrücke der Astronauten noch heute nahezu unverändert im Regolith, der feinen Staubschicht des Mondes, vorhanden sind. Inzwischen planen internationale Raumfahrtbehörden und private Unternehmen neue bemannte Missionen, um den Mond als dauerhafte Forschungsstation und Sprungbrett für weitere Reisen in das All zu nutzen.

STÜRME OHNE ENDE

Tief in der turbulenten Atmosphäre des Jupiters tobt ein gewaltiges Wetterphänomen, das in seiner Beständigkeit im Sonnensystem seinesgleichen sucht. Der Große Rote Fleck ist ein gigantischer Wirbelsturm, der bereits seit mindestens drei Jahrhunderten von Astronomen beobachtet wird. Mit einem Durchmesser von etwa 16.350 Kilometern besitzt dieses Gebilde solche Ausmaße, dass die gesamte Erde bequem darin Platz finden würde. An den Rändern dieses Hochdruckgebiets rasen die Winde mit einer Geschwindigkeit von bis zu 432 Kilometern pro Stunde gegen den Uhrzeigersinn.

Seine charakteristische Färbung verdankt der Sturm vermutlich komplexen chemischen Verbindungen wie Phosphor und Schwefel, die durch die ultraviolette Strahlung der Sonne chemisch verändert werden. Im Gegensatz zu Stürmen auf der Erde, die über Landmassen schnell an Kraft verlieren, bleibt dieser Wirbel stabil, da der Gasriese keine feste Oberfläche besitzt, die ihn abbremsen könnte. Dennoch zeigen Langzeitbeobachtungen, dass sich der Fleck seit Jahrzehnten langsam zusammenzieht und seine Form von einem Oval zu einem Kreis wandelt.

Raumsonden wie Voyager und die aktuelle Mission »Juno« haben das Verständnis dieses Phänomens massiv vertieft. »Juno« konnte sogar feststellen, dass die Wurzeln des Sturms mehrere hundert Kilometer tief in die Atmosphäre hineinreichen und dort enorme Hitze freisetzen. Solche Erkenntnisse helfen der Wissenschaft dabei, die Mechanismen von Gasplaneten besser zu verstehen.

Wer heute durch ein leistungsstarkes Teleskop blickt, sieht nicht nur einen farbigen Punkt, sondern das langlebigste und kraftvollste Kraftwerk der Natur, das die gewaltige Dynamik planetarer Atmosphären eindrucksvoll unter Beweis stellt.

GIGANT DER FINSTERNIS

In den entlegensten Winkeln des Kosmos existieren Objekte, deren schiere Größe jede menschliche Vorstellungskraft übersteigt. Das massereichste bisher bekannte Schwarze Loch trägt die Bezeichnung TON 618 und weist eine unvorstellbare Masse von 66 Milliarden Sonnen auf. Mit einem Durchmesser, der die Ausmaße unseres gesamten Sonnensystems weit in den Schatten stellt, thront dieser Riese im Zentrum einer fernen Galaxie. Rund 10,4 Milliarden Lichtjahre trennen die Erde von diesem Ort, an dem die Gesetze der Physik an ihre Grenzen stoßen.

Solche supermassiven Gravitationsfallen entstehen typischerweise, wenn die Kerne extrem massereicher Sterne am Ende ihrer Existenz unter dem eigenen Gewicht kollabieren. Die gesamte Materie wird dabei auf einen winzigen Punkt komprimiert, was ein Feld nahezu unendlicher Dichte erzeugt. Innerhalb einer bestimmten Grenze – dem sogenannten Ereignishorizont – ist die Anziehungskraft so gewaltig, dass selbst Lichtteilchen nicht mehr entkommen können. Paradoxerweise gehört TON 618 dennoch zu den hellsten Objekten im Universum, da er als Quasar fungiert.

Dieser Begriff beschreibt den aktiven Kern einer Galaxie, in dem riesige Mengen an Gas und Staub in das Schwarze Loch stürzen. Bevor die Materie endgültig verschlungen wird, heizt sie sich durch enorme Reibung so stark auf, dass sie heller strahlt als Hunderte von Galaxien zusammen. Die Untersuchung solcher Phänomene liefert der Wissenschaft fundamentale Erkenntnisse über die Verteilung von Energie im frühen Kosmos. Wer die Dynamik dieser Giganten versteht, entschlüsselt gleichzeitig die komplexen Mechanismen, welche die Entstehung und das Wachstum ganzer Sternensysteme über Milliarden von Jahren hinweg geformt haben.

ACHT WELTEN IM DICHTEN TANZ

Etwa 2.545 Lichtjahre von der Erde entfernt stießen Astronomen auf eine Sensation, welche die bisherige Annahme über die Einzigartigkeit unserer kosmischen Heimat erschütterte. Das System Kepler-90 beherbergt genau wie unser eigenes Sonnensystem acht Planeten, die einen sonnenähnlichen Stern umkreisen. Entdeckt wurde diese ferne Welt durch das Kepler-Weltraumteleskop, das winzige Helligkeitsschwankungen des Zentralgestirns registrierte. Diese Methode erlaubt es, Planeten aufzuspüren, wenn sie von uns aus gesehen direkt vor ihrem Stern vorbeiziehen und dessen Licht für kurze Zeit minimal abschwächen.

Auffällig ist vor allem die extrem kompakte Anordnung der Himmelskörper. Während sich die acht Planeten in unserem System über riesige Distanzen verteilen, drängen sich die acht Welten von Kepler-90 in einer Zone zusammen, die in etwa der Entfernung zwischen unserer Sonne und der Erde entspricht. Der Stern selbst ist ein G-Typ-Stern, der jedoch etwas mehr Masse und eine höhere Temperatur aufweist als unsere Sonne. Die inneren Gesteinsplaneten sind dabei einer mörderischen Hitze ausgesetzt, während die äußeren Gasriesen das System nach außen hin abgrenzen.

Eine technologische Premiere markierte die Identifizierung des achten Planeten namens Kepler-90i. Er wurde nicht durch menschliche Beobachtung, sondern mithilfe von Algorithmen des maschinellen Lernens in den riesigen Datenmengen der NASA aufgespürt. Diese künstliche Intelligenz erkannte schwache Signale, die zuvor im Rauschen untergegangen waren. Kepler-90i ist eine glühend heiße Gesteinswelt, die ihren Stern in nur 14 Tagen einmal umkreist. Solche Funde belegen, dass die Architektur von Planetensystemen weitaus vielfältiger ist, als es ältere Theorien zur Entstehung von Planeten jemals vorhergesagt haben.

BOTSCHAFT VOM BEGINN DER ZEIT

Knapp 380.000 Jahre nach der Entstehung von Raum und Zeit ereignete sich ein Moment, der das Gesicht des Universums für immer veränderte. Bis zu diesem Zeitpunkt glich der Kosmos einem undurchsichtigen, glühend heißen Nebel aus Plasma, in dem Lichtteilchen keine Chance hatten, weite Strecken zurückzulegen. Erst als die Temperaturen weit genug sanken, verbanden sich Elektronen und Atomkerne zu stabilen Atomen. Dieser physikalische Vorgang machte den Weg frei für die Photonen, die seit jenem Augenblick ungehindert durch das All rasen.

Zufällig stießen die Physiker Arno Penzias und Robert Wilson im Jahr 1965 auf dieses Phänomen, als sie ein unerklärliches Rauschen in ihrer Radioantenne untersuchten. Was sie anfangs für eine Störung durch Taubenkot hielten, stellte sich als die kosmische Hintergrundstrahlung heraus – das fossile Nachglühen des Urknalls. Heute durchdringt dieses Signal das gesamte Universum in Form von Mikrowellenstrahlung. Da sich der Raum seit Milliarden von Jahren ausdehnt, wurde das einst extrem energiereiche Licht gestreckt und weist nun eine Temperatur von lediglich 2,7 ° Kelvin auf, was knapp über dem absoluten Nullpunkt liegt.

Hochpräzise Karten dieser Strahlung zeigen winzige Temperaturunterschiede im Bereich von Millionstel Grad. Solche minimalen Unregelmäßigkeiten in der Dichte des frühen Gases fungierten als Keimzellen für alles, was wir heute im Weltraum sehen. Ohne diese winzigen Abweichungen hätte sich die Materie nie zu Sternen, Planeten oder Galaxien zusammengeballt. Die Hintergrundstrahlung liefert somit das älteste verfügbare Bild des Kosmos und erlaubt es der Wissenschaft, die exakte Zusammensetzung und das Alter unseres Universums mit verblüffender Genauigkeit zu bestimmen.

JENSEITS DER VORSTELLUNGSKRAFT

Vakuum ist die Bühne, auf der das Licht seine Höchstgeschwindigkeit von fast 300.000 Kilometern pro Sekunde entfaltet. Da gewöhnliche Maßeinheiten wie Kilometer angesichts der stellaren Weiten schnell unhandlich werden, nutzt die Astronomie das Lichtjahr als Standardmaß. Diese Einheit beschreibt die Strecke, die ein Photon innerhalb eines Erdenjahres zurücklegt – eine Distanz von beachtlichen 9,461 Billionen Kilometern. Um diese Größenordnung greifbar zu machen: Ein modernes Verkehrsflugzeug bräuchte über eine Million Jahre ununterbrochener Flugzeit, um die Distanz eines einzigen Lichtjahres zu bewältigen.

Alpha Centauri, unser nächster Nachbar unter den Sternensystemen, liegt bereits 4,37 Lichtjahre entfernt. Jedes Mal, wenn Teleskope diesen Stern erfassen, registrieren sie Photonen, die ihre Reise vor mehr als vier Jahren angetreten haben. Dieser Umstand verwandelt das gesamte Universum in eine gigantische Zeitmaschine. Je tiefer der Blick in den Weltraum dringt, desto weiter reicht er zurück in die Chronik des Kosmos. Galaxien, die Millionen von Lichtjahren entfernt sind, zeigen sich uns heute in dem Zustand, den sie während der Ära der Dinosaurier auf der Erde besaßen.

Beobachtungen von Objekten in extremer Ferne ermöglichen es der Wissenschaft daher, die Evolution des Alls wie in einem Fotoalbum nachzuschlagen. Das Licht ferner Quasare war bereits Milliarden Jahre unterwegs, bevor es auf die Sensoren moderner Observatorien traf. Durch diese Verzögerung bleibt die Frühzeit des Universums visuell zugänglich, obwohl die betreffenden Sonnen heute vielleicht gar nicht mehr existieren. Die nächtliche Sternenschau wird so zu einer Spurensuche in der tiefen Vergangenheit, bei der Lichtstrahlen als Boten längst vergangener Epochen fungieren.

GAST AUS DER UNENDLICHKEIT

Pan-STARRS1, ein Teleskop auf Hawaii, registrierte im Oktober 2017 einen Lichtpunkt, der sämtliche astronomischen Erwartungen sprengte. Dieses Objekt, das später den Namen »Oumuamua« erhielt, war der erste nachgewiesene Besucher aus einem fremden Sternensystem. Seine Flugbahn und die enorme Geschwindigkeit ließen keinen Zweifel daran, dass dieser Körper nicht durch die Schwerkraft unserer Sonne gebunden war, sondern den interstellaren Raum durchquerte. Die hawaiianische Bezeichnung, die übersetzt »Kundschafter« bedeutet, spiegelt die Einzigartigkeit dieses kosmischen Nomaden wider.

Auffällig war vor allem die ungewöhnliche Gestalt des Objekts, das Astronomen als extrem länglich und zigarrenförmig beschrieben. Schätzungen gehen von einer Länge von etwa 400 Metern aus, während die Breite nur einen Bruchteil dessen betrug. Im Gegensatz zu herkömmlichen Kometen entwickelte »Oumuamua« bei seiner Annäherung an die Sonne keinen sichtbaren Schweif aus Gas oder Staub. Dennoch zeigte er eine nicht-gravitative Beschleunigung, was bedeutet, dass eine unbekannte Kraft seine Geschwindigkeit geringfügig erhöhte, während er sich wieder von unserem Zentrum entfernte.

Theorien über seine Beschaffenheit reichen von einem porösen Eisfragment bis hin zu den Trümmern eines zerstörten Planeten. Da das Objekt bereits mit hoher Geschwindigkeit aus dem inneren Sonnensystem raste, bevor detaillierte Nahaufnahmen gemacht werden konnten, bleibt seine exakte Natur ein wissenschaftliches Geheimnis. Fest steht lediglich, dass dieser Besucher die Grenze zwischen unserem System und der galaktischen Nachbarschaft durchbrochen hat. Sein kurzes Gastspiel beweist, dass der interstellare Raum von unzähligen solcher Fragmente bevölkert wird, die als stumme Zeugen fernen Welten entstammen.

BODYGUARD DER INNEREN PLANETEN

Massiv und majestätisch thront der größte Planet unseres Systems in einer strategisch entscheidenden Position. Mit einer Masse, die mehr als das Zweieinhalbfache aller anderen Planeten zusammen beträgt, fungiert Jupiter als eine Art kosmischer Schutzschild. Seine enorme Gravitation wirkt über Millionen von Kilometern hinweg und beeinflusst die Flugbahnen von Asteroiden und Kometen maßgeblich. Viele dieser gefährlichen Objekte, die aus den äußeren Regionen in das innere Sonnensystem vordringen, werden durch die Schwerkraft des Gasriesen abgelenkt, eingefangen oder sogar vollständig aus dem System geschleudert.

Besonders eindrucksvoll unter Beweis gestellt wurde diese Wächterfunktion im Jahr 1994, als der Komet Shoemaker-Levy 9 in das Blickfeld der Astronomen geriet. Anstatt ungehindert in Richtung der inneren Gesteinsplaneten zu rasen, wurde der Himmelskörper von Jupiters Kräften förmlich zerrissen und schlug in spektakulären Fragmenten in dessen dichte Atmosphäre ein. Die dabei entstandenen dunklen Flecken in den Wolkenschichten waren so groß wie die Erde und verdeutlichten die gewaltigen Energien, die bei solchen Kollisionen freigesetzt werden. Ohne diese massive Barriere wäre die Einschlagrate auf unserem Heimatplaneten Schätzungen zufolge etwa 1000-mal höher.

Dank dieser stabilisierenden Wirkung konnten sich auf der Erde über Milliarden von Jahren hinweg Bedingungen entwickeln, die komplexes Leben erst ermöglichten. Jupiter reinigt die Umgebung der inneren Planeten kontinuierlich von Trümmern, die sonst katastrophale Folgen für die Biosphäre hätten. Er fungiert somit als eine Art unsichtbarer Staubsauger, der den Weg der Erde durch das All seit Äonen absichert. Diese dynamische Wechselwirkung zeigt, dass die Sicherheit unseres Planeten eng mit der Anwesenheit des riesigen Gasgiganten verknüpft ist.

HIMMELSFEUER AUS SANDKÖRNERN

Präzise wie ein Uhrwerk kreuzt unsere Erde auf seiner jährlichen Bahn um die Sonne die staubigen Hinterlassenschaften einstiger Kometenreisen. Diese unsichtbaren Trümmerwolken bestehen aus winzigen Partikeln, die ein Schweifstern bei seiner Annäherung an das Zentrum des Sonnensystems verloren hat. Wenn die Erde durch ein solches Trümmerfeld pflügt, tauchen die Überreste in die obersten Schichten der Atmosphäre ein. Dort entfachen sie das Phänomen der Meteorströme, die Beobachter seit Jahrtausenden in ihren Bann ziehen.

Bekanntestes Beispiel für dieses himmlische Schauspiel sind die Perseiden, die alljährlich im August ihren Höhepunkt erreichen. Ihr Ursprung liegt im Kometen 109P/Swift-Tuttle, dessen zurückgelassene Staubspur die Erde regelmäßig durchquert. Obwohl die einzelnen Fragmente oft kaum größer als ein Sandkorn oder ein Kieselstein sind, besitzen sie eine enorme kinetische Energie. Mit einer Geschwindigkeit von bis zu 60 Kilometern pro Sekunde prallen sie auf die Lufthülle, wobei die Reibungshitze nicht nur das Partikel selbst, sondern auch die umgebende Luft zum Leuchten bringt.

Diese hellen Streifen, die im Volksmund als Sternschnuppen bezeichnet werden, verglühen meist in einer Höhe von 80 bis 100 Kilometern. Die chemische Analyse des erzeugten Lichts verrät der Astronomie viel über die Zusammensetzung der fernen Kometen, ohne dass eine Sonde diese direkt ansteuern muss. Unterschiedliche Farben in den Leuchtspuren deuten dabei auf verschiedene Elemente wie Natrium, Eisen oder Magnesium hin.

So verwandelt sich der Nachthimmel in ein natürliches Laboratorium, das die chemischen Geheimnisse der äußeren Regionen unseres Systems bis direkt vor unsere Haustür trägt.

PLANET DER EWIGEN HITZE

Grell und trügerisch schön leuchtet unser Nachbarplanet am Firmament, doch hinter der dichten Wolkendecke verbirgt sich eine lebensfeindliche Welt der Extreme. Die Venus besitzt eine Atmosphäre, die fast ausschließlich aus Kohlendioxid besteht und einen außer Kontrolle geratenen Treibhauseffekt befeuert. Infolge dieser thermischen Barriere steigen die Temperaturen auf der Oberfläche auf bis zu 470 Grad Celsius an. Selbst Blei würde unter diesen Bedingungen binnen kürzester Zeit schmelzen, was die Venus trotz ihrer größeren Distanz zur Sonne zum heißesten Planeten in unserem System macht.

Zusätzlich zu der mörderischen Hitze hüllen permanente Schichten aus Schwefelsäure den Planeten ein. Diese ätzenden Wolken reflektieren zwar einen Großteil des Sonnenlichts, verhindern aber gleichzeitig, dass die aufgestaute Wärme in den Weltraum entweichen kann. Wer auf der Oberfläche stehen würde, müsste zudem einen physischen Druck ertragen, der dem 92-fachen der Erdatmosphäre entspricht. Dieser Last standzuhalten wäre nur in Spezialfahrzeugen möglich, da der Druck in etwa dem Gewicht entspricht, das in 900 Metern Meerestiefe auf einem Körper lastet.

Frühere Raumsonden der sowjetischen Venera-Serie hielten diesen Bedingungen oft nur wenige Minuten stand, bevor ihre Elektronik versagte und die Struktur zerquetscht wurde. Winde in den oberen Schichten peitschen die giftigen Gasmassen zudem mit Geschwindigkeiten um den Planeten, die weit über denen irdischer Hurrikane liegen. Die Kombination aus chemischer Aggressivität, enormer Dichte und glühender Hitze macht die Venus zu einem Mahnmal für die zerstörerische Kraft eines instabilen Klimas. Jedes Forschungsprojekt in dieser Region muss sich daher gegen eine Umgebung behaupten, die zu den feindseligsten Orten gehört, die wir bisher im Kosmos entdeckt haben.

MEHR STERNE ALS SAND

Blickt man in einer klaren Nacht empor, scheinen die sichtbaren Lichtpunkte zahlreich, doch sie bilden nur einen verschwindend geringen Bruchteil der tatsächlichen kosmischen Population. Astronomische Hochrechnungen kommen auf die astronomische Summe von etwa 10^{22} Sternen im beobachtbaren Universum – eine Eins mit 22 Nullen. Um diese Größenordnung in ein irdisches Verhältnis zu setzen, dient oft ein anschaulicher Vergleich: Es existieren weit mehr Sonnen im Weltraum als Sandkörner an sämtlichen Stränden und in allen Wüsten unseres Heimatplaneten. Jedes einzelne Korn stünde dabei stellvertretend für einen massiven, brennenden Gasball irgendwo in der unendlichen Ferne.

Allein unsere Heimatgalaxie, die Milchstraße, beherbergt schätzungsweise bis zu 400 Milliarden Sterne. Da das Universum jedoch aus hunderten Milliarden solcher Galaxien besteht, multipliziert sich die Anzahl der Sonnen in Regionen, die das menschliche Vorstellungsvermögen längst hinter sich lassen. Moderne Analysen der kosmischen Hintergrundstrahlung und tiefe Himmelsdurchmusterungen stützen diese gewaltigen Zahlenwerke. Da mittlerweile feststeht, dass fast jeder dieser Sterne von mindestens einem Planeten umkreist wird, resultiert daraus eine unermessliche Vielfalt an potenziellen Welten.

Wissenschaftlich gesehen eröffnet diese statistische Fülle eine völlig neue Perspektive. In jeder dieser Milliarden Sonnen werden durch Kernfusion schwere Elemente erzeugt, die später als Bausteine für neue Planetensysteme dienen. Die schiere Masse an vorhandenen Sternen garantiert, dass die Prozesse der Sternentstehung und Elementbildung in jeder Sekunde milliardenfach gleichzeitig ablaufen. So betrachtet ist unsere Sonne kein seltener Einzelfall, sondern lediglich ein winziger Teil eines unaufhörlich leuchtenden Netzwerks, das den gesamten Raum zwischen den Galaxien aufspannt.

EIN JUWEL IN DER FINSTERNIS

Ungefähr 40 Lichtjahre von unserem Sonnensystem entfernt existiert eine Welt, deren materieller Wert jede menschliche Vorstellung sprengt. Der Exoplanet 55 Cancri e, eine sogenannte Supererde mit dem doppelten Erddurchmesser, umkreist sein Zentralgestirn in einer derart geringen Distanz, dass ein ganzes Jahr dort nur 18 Stunden dauert. In dieser extremen Nähe zum Stern herrschen Oberflächentemperaturen von über 2.000 Grad Celsius. Unter solch infernalischen Bedingungen offenbart die chemische Zusammensetzung des Planeten ein spektakuläres Geheimnis: Große Teile seiner Masse bestehen vermutlich aus reinem Kohlenstoff.

Wissenschaftliche Modelle deuten darauf hin, dass die innere Struktur dieses Himmelskörpers grundlegend anders aufgebaut ist als die unserer silikatreichen Erde. Anstelle von wasserreichen Schichten und Gestein dominieren hier Graphit und Diamant. Der gewaltige Eigendruck im Inneren des Planeten presst den Kohlenstoff in eine kristalline Form, was 55 Cancri e zu einem gigantischen, planetaren Edelstein macht. Spektroskopische Daten stützen die Annahme, dass mindestens ein Drittel der Masse dieses Planeten aus Diamant bestehen könnte – eine Menge, die das gesamte Gold- und Edelsteinvorkommen der Erde wie ein Staubkorn erscheinen lässt.

Diese Entdeckung verdeutlicht die exotische Vielfalt, die bei der Entstehung von Planetensystemen möglich ist. Während in unserem System Sauerstoff und Silikate dominieren, beweist dieser Exoplanet, dass Kohlenstoff unter den richtigen thermischen Bedingungen zum Hauptbaustoff ganzer Welten werden kann. Forscher nutzen diese Erkenntnisse, um die thermische Evolution und die Atmosphäre von Planeten zu untersuchen, die ihren Sternen extrem nahe sind. So liefert der ferne Diamantplanet nicht nur Stoff für Träume, sondern harte Fakten über die chemischen Grenzbereiche der Planetenbildung.

RÄTSEL DER DUNKLEN MASSE

Jenseits der leuchtenden Sterne und glühenden Gasnebel verbirgt sich die wahre Übermacht des Kosmos in völliger Dunkelheit. Rund 85 % der gesamten Materie im Universum entziehen sich jeder direkten Beobachtung, da sie weder Licht aussenden, reflektieren noch absorbieren. Diese mysteriöse Substanz, bekannt als Dunkle Materie, interagiert nicht mit elektromagnetischer Strahlung und bleibt für unsere Teleskope somit unsichtbar. Dennoch ist ihre Anwesenheit unbestreitbar, da sie über ihre enorme Gravitationskraft eine gewaltige Wirkung auf alles Sichtbare ausübt.

Ohne diesen unsichtbaren Anker würden Galaxien wie unsere Milchstraße buchstäblich auseinanderfliegen. Die sichtbare Materie allein besitzt bei weitem nicht genügend Masse, um die Sterne bei ihren hohen Rotationsgeschwindigkeiten auf ihren Bahnen zu halten. Dunkle Materie fungiert hierbei als ein kosmisches Gerüst, das die großräumigen Strukturen des Weltalls stabilisiert und wie ein Netz zusammenhält. Wissenschaftliche Beobachtungen von Gravitationslinseneffekten, bei denen das Licht ferner Galaxien durch unsichtbare Massen gebeugt wird, bestätigen diese Theorie eindrucksvoll.

Derzeit suchen Physiker weltweit nach den hypothetischen Teilchen, aus denen diese Materieform bestehen könnte. Tief unter der Erde installierte Detektoren und hochenergetische Experimente in Teilchenbeschleunigern versuchen, jene schwach wechselwirkenden Komponenten nachzuweisen. Bisher bleibt die exakte chemische oder physikalische Identität dieser Masse jedoch eines der größten ungelösten Probleme der modernen Astrophysik.

Die Klärung dieser Frage würde nicht nur unser Periodensystem erweitern, sondern das gesamte Fundament der Teilchenphysik auf eine völlig neue Ebene heben.

SPURENSUCHE IM ROTEN STAUB

Gale-Krater, ein riesiges Einschlagbecken in der Nähe des Mars-Äquators, dient seit 2012 als Einsatzort für den bisher ambitioniertesten Geologen der Menschheit. Der Rover Curiosity, etwa so groß wie ein Kleinwagen, landete dort mit dem Ziel, die chemische Vergangenheit des Mars zu entschlüsseln. Schon kurz nach der Ankunft lieferten die Bordkameras Bilder von abgerundeten Kieselsteinen, die eindeutig durch die Strömung eines urzeitlichen Flusses geformt wurden. Diese Entdeckung lieferte den endgültigen Beweis, dass der Mars einst kein staubtrockener Wüstenplanet war, sondern über flüssiges Wasser an der Oberfläche verfügte.

Instrumente im Inneren des Rovers analysierten zudem Gesteinspulver aus Milliarden Jahre alten Sedimentschichten und stießen dabei auf komplexe organische Moleküle. Diese kohlenstoffhaltigen Verbindungen gelten als die grundlegenden Bausteine des Lebens, wie wir es kennen. Ergänzt wurden diese Funde durch rätselhafte Methanschübe in der Mars-Atmosphäre, deren Konzentration saisonal schwankt. Da Methan auf der Erde häufig als Nebenprodukt biologischer Prozesse entsteht, diskutiert die Fachwelt intensiv darüber, ob die Quelle dieser Gase chemischer Natur ist oder auf mikrobielle Aktivitäten tief im Boden hinweist.

Heute wissen wir durch die gesammelten Daten, dass der Mars vor Milliarden von Jahren eine weitaus dichtere Atmosphäre und lebensfreundliche Seen besaß. Die Bedingungen ähnelten zeitweise jenen Regionen auf der Erde, in denen sogenannte Extremophile unter schwierigsten Umständen gedeihen. Curiosity hat die Vorstellung vom Mars als toter Welt grundlegend korrigiert und durch das Bild eines dynamischen Planeten ersetzt, der alle Zutaten für die Entstehung von Leben besaß. Die Mission geht weiter, während der Rover die Hänge des Mount Sharp erklimmt.

WACHABLÖSUNG IM WELTRAUM

Seit seinem Start im Jahr 1990 fungiert das Hubble-Weltraumteleskop als schärfstes Auge der Menschheit im Erdorbit. Positioniert hoch über der Atmosphäre, entgeht das Observatorium den störenden Verzerrungen durch Luftschichten und liefert Aufnahmen von unvergleichlicher Klarheit. Diese detaillierten Bilder von leuchtenden Nebeln und fernen Galaxienhaufen haben nicht nur die Wissenschaft, sondern auch das ästhetische Verständnis des Kosmos geprägt. Hubble ermöglichte es Forschern, das Alter des Universums präziser zu bestimmen und die Existenz gigantischer Schwarzer Löcher im Zentrum fast jeder Galaxie nachzuweisen.

Mit seinen Beobachtungen im sichtbaren und ultravioletten Lichtspektrum hat Hubble die Grenzen unseres Wissens über die Entstehung von Sternen massiv verschoben. Doch nach über drei Jahrzehnten im Dienst erhält das betagte Teleskop nun Unterstützung durch einen technologisch überlegenen Nachfolger: das James Webb-Weltraumteleskop (JWST). Dieses neue Observatorium nutzt einen gewaltigen, goldbeschichteten Spiegel von 6,5 Metern Durchmesser. Im Gegensatz zu Hubble ist Webb darauf spezialisiert, das Infrarotlicht der allerersten Sterne aufzufangen, die kurz nach dem Urknall entstanden sind.

Durch diese Infrarot-Fähigkeit kann das JWST dichte Staubwolken durchdringen, die Hubble bisher den Blick auf die Geburtsstätten von Planeten verwehrten. Es schlägt eine Brücke von den uns vertrauten kosmischen Strukturen hin zu den entferntesten Grenzen von Raum und Zeit. Die Kombination aus beiden Teleskopen liefert der Astronomie heute einen Datensatz, der alle Spektren des Lichts abdeckt. Während Hubble das Fundament legte, dringt Webb nun in jene Regionen vor, deren Geheimnisse bisher im Verborgenen lagen.

GOLDENE BOTSCHAFT DER ERDE

Ganz bewusst platzierten Wissenschaftler im Jahr 1977 eine außergewöhnliche Fracht an Bord der Voyager-Sonden, bevor diese ihre Reise in das äußere Sonnensystem antraten. Es handelt sich um die »Golden Record«, eine vergoldete Kupferschallplatte, die als interstellare Visitenkarte der Menschheit fungiert. Diese Platte dient als Zeitkapsel und soll potenziellen außerirdischen Zivilisationen vermitteln, wer wir sind und woher wir kommen. Da die Sonden Milliarden von Jahren im Weltraum überdauern können, stellt dieses Objekt eines der langlebigsten Zeugnisse unserer Zivilisation dar.

Inhaltlich bietet die Schallplatte eine sorgfältige Auswahl an Geräuschen, Bildern und Musikstücken. Neben Naturklängen wie Donner, Wind und Walgesängen enthält sie Grußbotschaften in 55 verschiedenen Sprachen sowie eine musikalische Bandbreite, die von Klassik bis Rock 'n' Roll reicht. Eingravierte Diagramme auf dem Cover erklären zudem in einer universellen Sprache der Physik, wie die Platte abzuspielen ist und wo sich unsere Sonne genau befindet. Diese Informationen sollen Findern helfen, den Ursprung der Sonde auch nach unvorstellbar langen Zeiträumen zurückzuverfolgen.

Mittlerweile haben beide Sonden die Grenze zum interstellaren Raum überschritten und tragen diese analoge Botschaft in die absolute Finsternis zwischen den Sternen. Mit der genauen Wegbeschreibung zu unserer Heimat gibt die Menschheit allerdings auch ihre Position im All preis, was die riskante Frage aufwirft, ob eine solche Selbstentlarvung klug war.

Die goldene Scheibe bleibt dennoch ein kraftvolles Symbol für unseren Pioniergeist. Sie verkörpert den Wunsch, über die eigene Existenz hinaus Spuren im Kosmos zu hinterlassen, während die Klänge der Erde als leises Echo durch die Galaxie driften.

KOSMISCHER KREISLAUF DER MATERIE

Gegen Ende ihrer Existenz verwandeln sich Sterne in spektakuläre Kunstwerke aus Gas und Licht. Sobald der nukleare Brennstoff im Inneren versiegt, dehnen sie sich zunächst enorm aus, bevor sie ihre äußeren Hüllen instabil werden lassen und diese schließlich in den Weltraum abstoßen. Zurück bleibt lediglich der extrem heiße und kompakte Kern, den die Astronomie als Weißen Zwerg bezeichnet. Dessen intensive ultraviolette Strahlung ionisiert das entweichende Gas und bringt es in leuchtenden Farben zum Strahlen – ein Phänomen, das wir als planetarischen Nebel bewundern. Die dabei entstehenden Strukturen ähneln oft gigantischen Augen oder Schmetterlingsflügeln, die sich mit tausenden Kilometern pro Stunde in die Leere ausdehnen.

Prächtige Formationen wie der Ringnebel oder der Hantelnebel verdanken ihre Vielfalt der chemischen Zusammensetzung der abgestoßenen Materie. Sauerstoff leuchtet in diesen Gebilden oft grünlich, während Wasserstoff und Stickstoff für tiefrote Töne verantwortlich sind. Diese Nebel sind jedoch keine statischen Objekte, sondern rasen unaufhaltsam nach außen, bis sie sich schließlich vollständig auflösen. Im Vergleich zu den Milliarden Jahren eines Sternlebens sind sie mit einer Dauer von nur wenigen zehntausend Jahren ein flüchtiger Augenblick in der Geschichte des Kosmos.

Wissenschaftlich betrachtet fungieren diese leuchtenden Gashüllen als wichtige Recyclingsysteme für das Weltall. Die im Inneren der Sterne durch Kernfusion erzeugten schweren Elemente werden durch den Nebel zurück in den interstellaren Raum getragen. Dort vermischen sie sich mit riesigen Gaswolken und bilden die Rohstoffe für künftige Generationen von Sonnen und Welten. Auf diese Weise endet die Geschichte eines einzelnen Sterns nicht mit seiner Auflösung, sondern liefert das Fundament für neues Leben und neue Planeten.

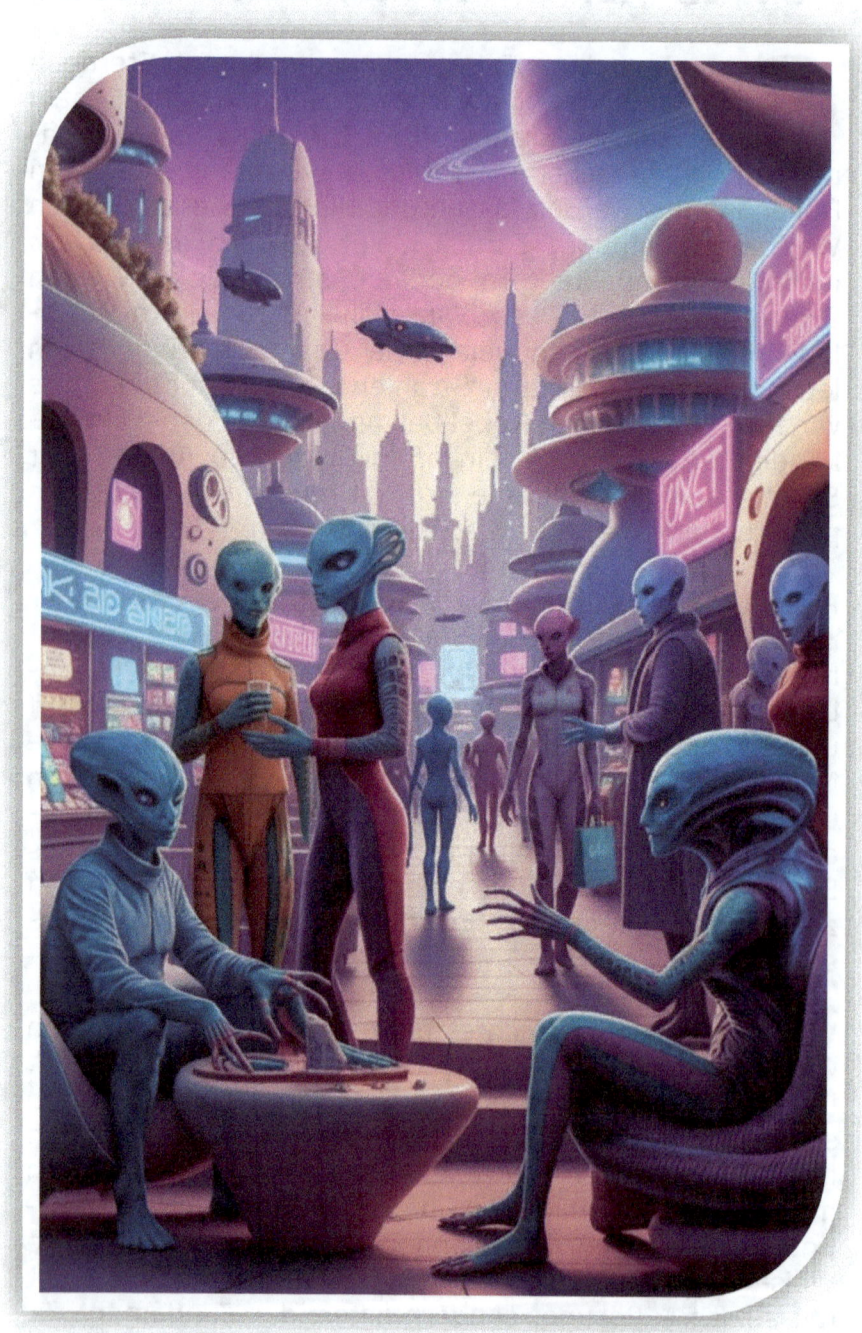

DAS SCHWEIGEN DES KOSMOS

Die Frage, ob wir die einzigen Bewohner des Alls sind, gehört zu den großen Rätseln unserer Zivilisation. Angesichts von Milliarden Galaxien, die jeweils unzählige Sonnen beherbergen, erscheint es statistisch fast ausgeschlossen, dass die biologische Entwicklung allein auf die Erde beschränkt blieb. Dennoch konnte die Wissenschaft bisher trotz modernster Radioteleskope und Sonden keinen eindeutigen Beweis für eine außerirdische Existenz sichern. Die Diskrepanz zwischen der hohen Wahrscheinlichkeit und dem Ausbleiben jeglicher Signale beschäftigt die Astronomie mehr denn je.

In unserem unmittelbaren solaren Umfeld rücken dabei besonders Orte mit verborgenen Wasservorkommen in den Fokus der Forschung. Während der Mars vor allem durch seine feuchte Vergangenheit besticht, verbergen die Eismonde Europa und Enceladus unter kilometerdicken Panzern vermutlich globale, flüssige Ozeane. Dort könnten hydrothermale Quellen jene Energie liefern, die mikrobielles Leben fernab von jeglichem Sonnenlicht ermöglicht. Roboter-Missionen der kommenden Jahrzehnte sollen gezielt in diese extremen Tiefen vordringen, um dort nach chemischen Stoffwechselprodukten zu graben.

Über unser System hinaus fahnden Projekte wie SETI nach künstlich erzeugten Frequenzen, die auf technologisch fortgeschrittene Zivilisationen hindeuten könnten. Parallel dazu erlaubt die Spektroskopie fernen Sternenlichts heute die Analyse von Exoplaneten-Atmosphären auf biologische Signaturen wie Sauerstoff oder Methan.

Jede neue Entdeckung einer fernen Welt in der habitablen Zone erhöht die Chance, eines Tages auf eine Antwort zu stoßen. Ob wir auf eine einsame Bakterie oder eine fremde Zivilisation treffen, würde unser Selbstverständnis als Menschheit für immer verändern.

JENSEITS DES URANUS

Mitte des 19. Jahrhunderts stand die Astronomie vor einem Rätsel, das die Grundpfeiler der Physik erschütterte. Der Planet Uranus bewegte sich nicht exakt auf der Bahn, die nach den Newtonschen Gesetzen zu erwarten war. Anstatt an der Perfektion der Mathematik zu zweifeln, vermuteten Forscher wie Urbain Le Verrier und John Couch Adams die Existenz eines weiteren, noch unbekannten Himmelskörpers in den Tiefen des Alls. Sie begannen mit komplexen Berechnungen, um die Position jenes Objekts zu bestimmen, dessen Schwerkraft am fernen Uranus zerrte.

Diese rein theoretische Suche am Schreibtisch führte schließlich am 23. September 1846 zum Erfolg. Der deutsche Astronom Johann Gottfried Galle richtete in Berlin sein Teleskop auf die exakt vorhergesagten Koordinaten und fand dort einen schwachen Lichtpunkt, der sich als der achte Planet unseres Systems herausstellte. Es war das erste Mal in der Menschheitsgeschichte, dass ein Planet nicht durch Zufall oder systematische Absuche des Himmels, sondern durch die Vorhersagekraft der Mathematik gefunden wurde. Neptun, der blaue Gasriese, trat damit aus der Dunkelheit in das Licht der Wissenschaft.

Dieser Erfolg festigte das Vertrauen in die klassischen Naturgesetze und bewies, dass der Verstand die Grenzen des damals Sichtbaren überschreiten kann. Die Entdeckung markierte den Beginn einer Ära, in der mathematische Modelle zur treibenden Kraft der kosmischen Erkundung wurden. Heute wissen wir, dass Neptun eine Welt der extremen Stürme und eisigen Temperaturen ist, die unser Verständnis von Planetenatmosphären bis heute herausfordert.

Die Geschichte seiner Entdeckung bleibt ein zeitloses Beispiel für das perfekte Zusammenspiel von Theorie und Praxis in der Erforschung des Universums.

KALENDER IM TAKT DER SONNE

Unsere Zeitrechnung folgt einem Rhythmus, den das Sonnensystem vorgibt, doch die Natur hält sich selten an glatte Zahlen. Die Erde benötigt für eine vollständige Umkreisung der Sonne nicht exakt 365 Tage, sondern etwa 365,24 Tage. Dieser überschüssige Vierteltag mag auf den ersten Blick unbedeutend erscheinen, doch im Laufe eines Jahrhunderts würde sich unser Kalender ohne Korrektur um fast 25 Tage verschieben. Um zu verhindern, dass der Sommer irgendwann in den kalendarischen Dezember wandert, wurde das System der Schaltjahre etabliert.

Historisch gesehen legte Julius Caesar bereits im Jahr 45 v. Chr. mit dem julianischen Kalender den Grundstein für diese Anpassung. Da die Schätzung von exakt einem Vierteltag pro Jahr jedoch minimal zu lang war, verfeinerte Papst Gregor XIII. das Regelwerk im Jahr 1582. Er legte fest, dass ein Schaltjahr zwar alle vier Jahre stattfindet, aber bei vollen Jahrhunderten entfällt, es sei denn, die Jahreszahl ist durch 400 teilbar. Diese mathematische Präzision sorgt dafür, dass die Abweichung zwischen unserem künstlichen Kalender und dem tatsächlichen astronomischen Jahr verschwindend gering bleibt.

Durch den zusätzlichen 29. Februar gleichen wir die Differenz regelmäßig aus und halten die Jahreszeiten stabil an ihrem Platz. Ohne diesen Eingriff würden landwirtschaftliche Zyklen und klimatische Fixpunkte über Generationen hinweg aus dem Takt geraten.

Das Schaltjahr ist somit ein faszinierendes Beispiel dafür, wie die Menschheit ihre organisatorischen Systeme an die unerbittlichen physikalischen Abläufe des Kosmos anpasst. So bleibt sichergestellt, dass die Tag-und-Nacht-Gleiche auch in fernen Jahrhunderten noch auf den gewohnten Termin fällt.

KÖNIG DER ZWERGPLANETEN

Jahrzehntelang galt der ferne Pluto als der einsame neunte Wächter am Rand unseres Sonnensystems. Seit seiner Entdeckung durch Clyde Tombaugh im Jahr 1930 besetzte er diesen Platz in den Lehrbüchern, bis die Astronomische Union ihn im Jahr 2006 neu klassifizierte. Aufgrund seiner geringen Größe und der Tatsache, dass er seine Umlaufbahn nicht von anderen Objekten bereinigt hat, führt man ihn heute als Zwergplaneten. Doch dieser Status mindert keineswegs die wissenschaftliche Bedeutung dieser eisigen Welt, die sich weit jenseits der großen Gasriesen im Kuipergürtel verbirgt.

Völlig überrascht war die Fachwelt, als die Raumsonde New Horizons im Jahr 2015 die ersten detailreichen Nahaufnahmen übermittelte. Das markanteste Merkmal ist eine riesige, helle Ebene aus gefrorenem Stickstoff, die die Form eines Herzens besitzt und zu Ehren des Entdeckers »Tombaugh Regio« getauft wurde. Diese Region weist kaum Krater auf, was auf eine erstaunlich junge Oberfläche und geologische Aktivität hindeutet. Anstatt einer toten Eiswüste offenbarte sich ein dynamischer Himmelskörper mit gewaltigen Gebirgen aus Wassereis und einer dünnen, bläulichen Atmosphäre.

Ein weiteres Kuriosum ist Plutos größter Begleiter Charon, der im Verhältnis zu seinem Mutterkörper so massereich ist, dass beide um einen Punkt im freien Raum kreisen. Dieses Verhalten macht sie faktisch zu einem Doppel-Zwergplaneten-System, das von vier weiteren, kleineren Monden umtanzt wird. Die tiefen Schluchten auf Charon erzählen von einer turbulenten Vergangenheit, in der Gezeitenkräfte das Innere dieser Welten formten.

So bleibt Pluto trotz seines verlorenen Planetenstatus ein zentrales Puzzleteil für das Verständnis der chemischen Ursuppe, aus der unser Sonnensystem einst hervorging.

STAUB AUS DER URZEIT

Als die ersten Menschen im Rahmen der Apollo-Missionen die staubige Oberfläche des Mondes betraten, machten sie eine Entdeckung, die kein Instrument vorab hätte messen können. Nach der Rückkehr in die Landefähre bemerkten die Astronauten einen markanten, stechenden Geruch, der sie sofort an verbranntes Schießpulver erinnerte. Der feine graue Staub, der an den Stiefeln und Handschuhen der Raumanzüge haftete, verströmte dieses Aroma, sobald er mit der künstlichen Atmosphäre der Kabine in Kontakt kam. Neil Armstrong und Harrison Schmitt beschrieben den Duft übereinstimmend als »verbrannt« und »metallisch«, obwohl auf dem Mond selbst keinerlei Verbrennungsprozesse stattfinden.

Die wissenschaftliche Erklärung für dieses Phänomen liegt in der extremen Beschaffenheit des Regoliths. Da der Mond keine schützende Atmosphäre besitzt, prallen seit Milliarden von Jahren winzige Mikrometeoriten ungebremst auf das Gestein und zermahlen es zu messerscharfen, glasartigen Partikeln. Diese Teilchen besitzen durch den ständigen Beschuss mit hochenergetischer Sonnenstrahlung sogenannte »freie Radikale« an ihrer Oberfläche. Gelangen diese chemisch hungrigen Staubkörner nun in die feuchte, sauerstoffreiche Luft der Mondfähre, findet eine schlagartige Reaktion statt, die den charakteristischen Geruch freisetzt.

Interessanterweise lässt sich dieser Effekt auf der Erde kaum reproduzieren. Sobald Mondgestein zur Analyse in unsere Labore gebracht wird, reagiert es bereits während des Transports vollständig aus und verliert seine olfaktorische Signatur. Der wahre Geruch des Mondes bleibt somit ein exklusives Erlebnis derer, die ihn direkt vor Ort erkundet haben. Für künftige Generationen von Raumfahrern stellt dieser aggressive Staub jedoch eine technische Herausforderung dar, da die scharfkantigen Partikel Dichtungen angreifen und Lungen reizen können.

ENERGIE AUS DER TIEFE DES ALLS

Jeder Lichtpunkt am nächtlichen Firmament ist das sichtbare Zeugnis eines gewaltigen Kraftaktes im Inneren ferner Sonnen. Sterne leuchten nicht etwa, weil sie brennen, sondern weil in ihrem Zentrum die Kernfusion als unerschöpfliche Energiequelle fungiert. Unter unvorstellbarem Druck und Temperaturen von mehreren Millionen Grad verschmelzen dort Wasserstoffatome zu Helium. Bei dieser physikalischen Reaktion wird ein Teil der Masse in reine Energie umgewandelt, die sich in Form von Gammastrahlung ihren Weg nach außen bahnt und schließlich als sichtbares Licht ins All hinausstrahlt. Es ist ein Prozess, der so gewaltig ist, dass eine einzige Sekunde der Sonnenstrahlung mehr Energie freisetzt, als die Menschheit seit Anbeginn ihrer Geschichte verbraucht hat.

Dieser kontinuierliche Energiefluss erfüllt jedoch noch eine zweite, lebenswichtige Aufgabe für den Fortbestand des Sterns. Der nach außen gerichtete Strahlungsdruck wirkt der gewaltigen Schwerkraft entgegen, die den Stern sonst in sich zusammenstürzen ließe. Durch dieses filigrane Gleichgewicht zwischen Expansion und Kontraktion bleibt ein Stern über Milliarden von Jahren stabil und berechenbar. Erst wenn der Vorrat an Wasserstoff im Kern zur Neige geht, gerät dieses physikalische Duo aus den Fugen und läutet das Ende des Sternlebens ein.

Sterne sind somit die natürlichsten und effizientesten Fusionsreaktoren des Universums. Sie produzieren nicht nur Licht und Wärme, sondern schmieden in ihrer glühenden Hitze auch die schweren Elemente, aus denen später Planeten und letztlich auch wir Menschen bestehen. Ohne diesen permanenten Prozess der Kernfusion wäre der Kosmos ein dunkler, kalter und lebloser Ort. Das Leuchten der Sterne ist daher weit mehr als ein ästhetisches Phänomen; es ist der Motor, der die chemische Evolution des gesamten Universums antreibt.

WEGWEISER DURCH DIE NACHT

Seit Menschengedenken blicken wir bewundernd zum nächtlichen Firmament und verbinden die fernen Lichtpunkte zu vertrauten Formen. Diese als Sternbilder bekannten Gruppierungen sind jedoch rein perspektivische Phänomene, da die beteiligten Sonnen im Raum oft viele Lichtjahre voneinander entfernt liegen. Dennoch dienten sie Seefahrern und Nomaden über Jahrtausende hinweg als verlässliche Orientierungspunkte. Heute erkennt die Internationale Astronomische Union (IAU) exakt 88 offizielle Sternbilder an, die den gesamten Himmel wie ein lückenloses Mosaik in feste Sektoren unterteilen.

Besonders markant ist die Formation des »Großen Bären«, dessen hellste Sterne im deutschsprachigen Raum oft als »Großer Wagen« bezeichnet werden. Dieses Bild ist am Nordhimmel das ganze Jahr über sichtbar und weist den Weg zum Polarstern, dem Fixpunkt für die Navigation. Im Winter dominiert dagegen der »Orion« die Szenerie, dessen drei eng beieinanderliegende Gürtelsterne wie ein kosmischer Zeiger fungieren. Solche Formationen waren in fast jeder Kultur mit Göttersagen oder Legenden verknüpft und spiegelten die Träume und Ängste der jeweiligen Epoche wider.

In der modernen Wissenschaft dienen diese klassischen Muster primär als praktisches Koordinatensystem, um die Position von Galaxien, Nebeln oder Planeten schnell zu kommunizieren. Wenn Astronomen von einem Objekt im Sternbild »Schütze« sprechen, weiß jeder Fachkollege sofort, in welche Richtung das Teleskop geschwenkt werden muss. Die Sternbilder schlagen somit eine Brücke zwischen der mythologischen Vergangenheit der Menschheit und der präzisen Kartierung des Weltraums. Sie verwandeln das scheinbare Chaos der Sterne in eine geordnete Struktur, die uns hilft, unseren Platz im unendlichen Ozean des Universums zu finden.

SPIEGELWELTEN DER UNENDLICHKEIT

Die Vorstellung, dass unser gesamter Kosmos nur ein winziger Teil einer viel größeren Struktur ist, sprengt die Grenzen unserer gewöhnlichen Wahrnehmung. Wissenschaftler diskutieren unter dem Begriff »Multiversum« die Möglichkeit, dass neben unserer eigenen Realität unzählige weitere Universen existieren könnten. Diese Konzepte sind keine bloße Science-Fiction, sondern ergeben sich oft als mathematische Notwendigkeit aus führenden physikalischen Theorien. Sollte diese Annahme zutreffen, wäre die Geschichte unseres Weltalls lediglich eine von unendlich vielen Varianten, die sich im Gewebe der Existenz entfalten.

Besonders populär ist die »Viele-Welten-Interpretation« der Quantenmechanik, die besagt, dass sich bei jeder Entscheidung auf kleinster Ebene die Realität aufspaltet. In diesem Szenario würde jede denkbare Möglichkeit in einem eigenen Zweig des Multiversums tatsächlich eintreten. Ein zweiter Ansatz stammt aus der Stringtheorie, die unser Universum als eine Art »Blase« in einem gigantischen, höherdimensionalen Raum beschreibt. In diesen fernen Blasenwelten könnten völlig andere Naturkonstanten herrschen, wodurch dort Sonnen anders brennen oder Materie in für uns unvorstellbaren Formen existiert.

Bisher fehlt zwar ein direkter Beobachtungsbeweis für die Existenz dieser Parallelwelten, doch die Theorie bietet elegante Lösungen für fundamentale Rätsel der Kosmologie. Sie erklärt beispielsweise, warum unser Universum so exakt auf die Entstehung von Leben abgestimmt zu sein scheint – in einem unendlichen Multiversum wäre ein lebensfreundlicher Ort statistisch gesehen unvermeidbar. Ob wir jemals Kontakt zu diesen fremden Sphären aufnehmen können, bleibt ungewiss. Dennoch fordert uns die Idee heraus, unsere Bedeutung im Gefüge des Seins radikal neu zu bewerten und die Unendlichkeit in einem völlig neuen Licht zu betrachten.

SPURENSUCHE IM STERNENSTAUB

Jeden Tag prasselt eine unsichtbare Fracht aus dem Weltraum auf unseren Planeten nieder. Schätzungen zufolge erreichen etwa 100 Tonnen interplanetaren Materials täglich die Erdatmosphäre, was uns daran erinnert, dass die Erde keine isolierte Insel, sondern Teil eines höchst dynamischen Systems ist. Der Großteil dieser Materie besteht aus mikroskopisch kleinem Staub und winzigen Partikeln, die beim Eintritt in die Lufthülle aufgrund der enormen Reibungshitze augenblicklich verdampfen. Wir nehmen dieses Phänomen meist als flüchtige Sternschnuppen wahr, die für einen kurzen Moment den Nachthimmel erhellen.

Nur ein verschwindend geringer Anteil dieser kosmischen Wanderer ist massiv genug, um den feurigen Ritt durch die Atmosphäre zu überstehen und als Meteorit den Erdboden zu erreichen. Diese Fundstücke variieren in ihrer Beschaffenheit von porösem Gestein bis hin zu massivem Eisen und Nickel. Historische Ereignisse wie der Einschlag im heutigen Mexiko vor etwa 66 Millionen Jahren zeigen jedoch, welche zerstörerische Kraft größere Objekte entfalten können. Während jener Einschlag das Ende der Dinosaurier einläutete, sind solche katastrophalen Begegnungen glücklicherweise extrem seltene Ausnahmen in der jüngeren Erdgeschichte.

Wissenschaftlich betrachtet stellen Meteoriten einen unschätzbaren Archivschatz dar. Da sie oft aus Material bestehen, das seit der Entstehung unseres Sonnensystems nahezu unverändert geblieben ist, fungieren sie als Zeitkapseln der Urzeit. In ihrem Inneren verbergen sich Hinweise auf die chemische Zusammensetzung der Urwolke und sogar auf die komplexen organischen Bausteine, die einst die Entstehung von Leben ermöglichten. Die Analyse dieser außerirdischen Gesteine hilft uns somit, die Mechanismen zu entschlüsseln, die Planeten wie die Erde überhaupt erst geformt haben.

EINSAME GALAXIE AM RAND DER ZEIT

Mit der Entdeckung der Galaxie UDFj-39546284 ist es der Astronomie gelungen, fast bis zum Ursprung von Raum und Zeit vorzustoßen. Dieses extrem lichtschwache Objekt befindet sich in einer unvorstellbaren Distanz von etwa 13,4 Milliarden Lichtjahren. Das bedeutet, dass die Photonen, die wir heute mit unseren Teleskopen einfangen, ihre Reise bereits antraten, als das Universum mit gerade einmal 400 Millionen Jahren noch in seinen Kinderschuhen steckte. Ein Blick auf diese Galaxie ist somit eine echte Zeitreise, die uns zeigt, wie die erste Generation von Sternensystemen nach dem Urknall überhaupt ausgesehen hat.

Im Vergleich zu unserer heutigen Milchstraße wirkt dieses frühe Gebilde winzig und bescheiden. Dennoch liefert die Existenz einer solchen Struktur wertvolle Daten über die Epoche der »Reionisierung«, in der das Licht der ersten Sterne den kosmischen Nebel aus neutralem Wasserstoff zu vertreiben begann.

Die Beobachtung von UDFj-39546284 beweist, dass sich komplexe Sternhaufen viel schneller bildeten, als viele theoretische Modelle es ursprünglich vorhergesagt hatten. Sie fungiert als entscheidendes Puzzleteil, um die chemische Entwicklung des jungen Kosmos und den Übergang von der totalen Finsternis zur ersten Pracht der Galaxien zu rekonstruieren.

Solch tiefgreifende Erkenntnisse verdanken wir der beispiellosen Präzision von Instrumenten wie dem Hubble-Weltraumteleskop, das über lange Belichtungszeiten selbst die schwächsten Signale aus der Tiefe extrahiert. Diese Forschung markiert die aktuelle Grenze des menschlichen Wissens und fordert unsere Vorstellungskraft heraus, indem sie die gigantischen Zeiträume der kosmischen Geschichte greifbar macht.

BOTSCHAFT OHNE ABSENDER

Am 15. August 1977, nur einen Tag vor dem Tod von Elvis Presley, geschah am Big Ear-Radioteleskop in Ohio etwas, das die Astronomie bis heute in Atem hält. Während das Teleskop das Sternbild Schütze scannte, registrierte es ein Signal von außergewöhnlicher Intensität, das genau 72 Sekunden lang anhielt. Als der Astronom Jerry Ehman Tage später die Computerausdrucke sichtete, war er von der Stärke und Reinheit des Ausschlags so verblüfft, dass er das Wort »Wow!« an den Rand des Papiers schrieb. Damit taufte er unbewusst das bis heute bekannteste Indiz für eine potenzielle außerirdische Kommunikation. Dieser kurze Moment der Aufregung markierte den bisherigen Höhepunkt in der jahrzehntelangen Geschichte des SETI-Projekts.

Besonders faszinierend ist die Frequenz von 1420 Megahertz, die nahezu exakt der Spektrallinie des neutralen Wasserstoffs entspricht. In der Fachwelt gilt dieser Bereich als »kosmisches Wasserloch«, da er von atmosphärischen Störungen weitgehend unberührt bleibt und sich somit ideal für interstellare Funkbotschaften eignet. Trotz hunderter späterer Versuche, denselben Himmelsausschnitt erneut abzuhören, blieb das Schweigen des Alls ungebrochen. Das Signal kehrte nie zurück, was eine eindeutige Verifizierung oder gar eine Entschlüsselung durch moderne Instrumente unmöglich macht.

Die Wissenschaft steht damit vor einem Dilemma, das Raum für verschiedenste Spekulationen lässt. Während Skeptiker natürliche Ursachen wie vorbeiziehende Kometen oder Reflexionen irdischer Sender vermuten, sehen Optimisten darin den Beweis für ein kurzes, gezieltes Leuchtfeuer einer fernen Zivilisation. Die Herkunft des Signals bleibt ein ungelöstes Rätsel am Rande unseres Wissens. Es erinnert uns eindringlich daran, wie wenig wir über die zahllosen Frequenzen wissen, die das galaktische Zentrum durchlaufen.

SEKUNDEN IM HERZEN DER SONNE

Die unvorstellbare Strahlungskraft unseres Heimatsterns ist das Ergebnis eines gigantischen physikalischen Umwandlungsprozesses. Tief in ihrem Inneren fungiert die Sonne als gigantischer Fusionsreaktor, der in jeder einzelnen Sekunde etwa 600 Millionen Tonnen Wasserstoff in Helium verwandelt. Bei dieser gewaltigen Reaktion wird ein Teil der Materie direkt in reine Energie transformiert, die schließlich als lebensspendendes Licht und wärmende Infrarotstrahlung die Oberfläche der Erde erreicht. Ohne diesen konstanten Energiefluss wäre unser Planet eine tiefgefrorene, leblose Gesteinskugel in der Dunkelheit des Alls.

Im Zentrum dieses Prozesses steht die sogenannte »Proton-Proton-Kette«, eine Abfolge von Kernfusionen, die nur unter dem extremen Druck des Sonnenkerns möglich ist. Während die Wasserstoffkerne verschmelzen, entstehen neben dem neuen Element Helium auch winzige Teilchen wie Neutrinos sowie energiereiche Photonen. Es dauert anschließend tausende von Jahren, bis sich diese Energie durch die dichten Schichten der Sonne bis zur Photosphäre emporgearbeitet hat, von wo aus sie schließlich mit Lichtgeschwindigkeit in den Weltraum entweicht.

Diese immense Leuchtkraft bildet das fundamentale Rückgrat für nahezu alle biologischen Abläufe auf unserem Planeten. Sie ist der direkte Treibstoff für die Photosynthese der Pflanzen und reguliert durch die Erwärmung der Atmosphäre das weltweite Klima sowie sämtliche Wettersysteme. Darüber hinaus erfüllt der ständige Strom aus Teilchen und elektromagnetischer Strahlung das gesamte Sonnensystem und definiert die physikalischen Bedingungen bis weit über die äußeren Planetenbahnen hinaus. Die Sonne ist somit weit mehr als nur ein heller Punkt am Himmel; sie ist der unverzichtbare Taktgeber für die Existenz und das Fortbestehen alles Lebendigen.

IN 90 MINUTEN UM DIE WELT

Die Internationale Raumstation ISS stellt ein technisches Meisterwerk dar, das unseren Planeten in einer schwindelerregenden Geschwindigkeit von rund 28.000 Kilometern pro Stunde umkreist. In diesem rasanten Tempo vollendet die Station etwa alle 90 Minuten eine vollständige Erdumrundung, was den Astronauten an Bord bis zu 16 Sonnenauf- und -untergänge pro Tag beschert. Dieser einzigartige Standort ermöglicht es der Besatzung, spektakuläre Naturphänomene wie leuchtende Polarlichter oder gewaltige Gewitterfronten aus einer Perspektive zu studieren, die von der Erdoberfläche aus niemals zugänglich wäre.

Seit dem Start der ersten Module im Jahr 1998 fungiert die Station als eines der bedeutendsten Forschungszentren der Menschheit. In den verschiedenen Laboren führen internationale Teams komplexe Experimente unter den Bedingungen der »Mikrogravitation« durch, um die Auswirkungen der Schwerelosigkeit auf biologische und physikalische Prozesse zu ergründen. Die hier gewonnenen Erkenntnisse in den Bereichen Materialwissenschaft und Medizin haben bereits zu zahlreichen praktischen Anwendungen und technologischen Fortschritten auf der Erde geführt.

Das alltägliche Leben in diesem schwebenden Außenposten erfordert von der Besatzung ein hohes Maß an Anpassungsfähigkeit, da selbst einfachste Verrichtungen wie Schlafen oder Essen völlig neu organisiert werden müssen. Trotz dieser physischen Herausforderungen beschreiben viele Rückkehrer den Blick aus der Cupola-Aussichtskuppel als eine tiefgreifende, lebensverändernde Erfahrung. Die ständige Beobachtung unseres »blauen Planeten« aus der Ferne verdeutlicht seine extreme Zerbrechlichkeit und stärkt das globale Bewusstsein für die Notwendigkeit, unsere gemeinsame Heimat zu schützen.

DAS HELLE BAND DER NACHT

Unsere Heimatgalaxie, die Milchstraße, stellt ein gewaltiges kosmisches Gebilde dar, das sich über einen Durchmesser von etwa 100.000 Lichtjahren erstreckt. In dieser rotierenden Scheibe beherbergt sie zwischen 100 und 400 Milliarden Sterne, wobei unsere Sonne lediglich eines von unzähligen Mitgliedern in diesem Verbund ist. Gemeinsam mit Nachbarn wie der Andromeda-Galaxie und den Magellanschen Wolken bildet sie die sogenannte »Lokale Gruppe«. Die Entstehung dieses Systems reicht etwa 13,6 Milliarden Jahre zurück, als sich eine gigantische Wolke aus Gas und Staub unter ihrer eigenen Schwerkraft zu ordnen begann.

Als klassische Spiralgalaxie zeichnet sich die Milchstraße durch ihre markanten Arme aus, die aus einem dichten, zentralen Kernbereich hervorgehen. Diese spiralförmigen Ausläufer sind hochaktive Zonen, in denen durch die Verdichtung von interstellarem Medium ständig neue Sterne geboren werden. Tief im Inneren des galaktischen Zentrums verbirgt sich zudem das supermassive Schwarze Loch »Sagittarius A*«, dessen enorme Masse die Bewegungen der umliegenden Sonnen maßgeblich beeinflusst.

Betrachten wir den Nachthimmel von einem dunklen Ort aus, offenbart sich die Galaxie als schimmerndes, milchiges Band, das das gesamte Firmament umspannt. Dieses Leuchten rührt von der extremen Dichte an Sternen her, die entlang der galaktischen Ebene konzentriert sind und deren Licht mit dem bloßen Auge nicht mehr einzeln aufgelöst werden kann. Die Erforschung dieser Strukturen liefert der Astronomie fundamentale Erkenntnisse über die Dynamik von Materie und die Evolution des gesamten Universums. Durch die Analyse unserer eigenen galaktischen Umgebung lernen wir, die Lebenszyklen ferner Welten und die physikalischen Gesetze, die sie formen, besser zu begreifen.

ZWISCHEN MARS UND JUPITER

In der weiten Lücke zwischen den Umlaufbahnen von Mars und Jupiter erstreckt sich eine Region, die wie ein Archiv aus der Geburtsstunde unseres Sonnensystems wirkt. Dieser Asteroidengürtel beherbergt unzählige Felsbrocken und Staubpartikel, deren Spektrum von winzigen Kieselsteinen bis hin zu gigantischen Objekten wie »Ceres« reicht. Mit einem Durchmesser von fast 1.000 Kilometern ist Ceres so gewaltig, dass sie heute offiziell als Zwergplanet eingestuft wird. Es wird geschätzt, dass sich in diesem Bereich Millionen von Objekten befinden, obwohl ihre gesamte Masse geringer ist als die unseres Mondes.

Die Entstehung dieser Zone geht auf die früheste Phase vor etwa 4,5 Milliarden Jahren zurück, als sich die Planeten aus einer rotierenden Scheibe aus Gas und Staub formten. Während an anderen Stellen des Systems große Himmelskörper heranwuchsen, verhinderte die enorme Gravitationskraft des benachbarten Jupiters, dass sich das Material in diesem Bereich zu einem eigenen Planeten zusammenfügte. Stattdessen kollidierten die Brocken immer wieder miteinander und blieben als fragmentiertes Trümmerfeld zurück, das bis heute stabil seine Bahnen zieht.

Für die moderne Astronomie stellt der Gürtel eine unschätzbare Quelle für Informationen über die Urzusammensetzung unserer kosmischen Heimat dar. Da diese Objekte seit ihrer Entstehung kaum verändert wurden, fungieren sie als Zeitkapseln, die chemische Fingerabdrücke der frühen Planetenbildung bewahren. Missionen wie die Raumsonde »Dawn«, die sowohl Vesta als auch Ceres aus nächster Nähe untersuchte, haben unser Wissen über die geologische Vielfalt dieser fernen Gesteinswelten revolutioniert. Die Erforschung des Asteroidengürtels hilft uns somit zu verstehen, warum unser Sonnensystem genau diese Struktur besitzt, die wir heute beobachten.

STEINERNES MONUMENT DES MARS

Auf der Oberfläche des Mars erhebt sich mit Olympus Mons eine geologische Struktur, die alle irdischen Maßstäbe sprengt. Dieser Schildvulkan ragt etwa 22 Kilometer in den dünnen Mars-Himmel und übertrifft die Höhe des Mount Everest damit fast um das Dreifache. Mit einer Grundfläche, die in etwa der Größe Polens entspricht, und einem Durchmesser von 600 Kilometern ist er der massivste Vulkan, der bisher im gesamten Sonnensystem entdeckt wurde. Besonders markant ist die bis zu sechs Kilometer hohe Steilwand an seinen Rändern, die den Übergang von der umliegenden Tiefebene zum monumentalen Vulkankörper markiert.

Die Entstehung eines solch gewaltigen Berges war nur möglich, weil auf dem Mars grundlegend andere physikalische Bedingungen herrschen als auf der Erde. Da der Rote Planet keine Plattentektonik besitzt, blieb die Kruste über Jahrmillionen stationär über einem vulkanischen »Hotspot« liegen, sodass sich die Lava immer an derselben Stelle aufschichten konnte. Die vergleichsweise geringe Schwerkraft begünstigte zudem das vertikale Wachstum dieser enormen Massen, ohne dass der Berg unter seinem eigenen Gewicht einbrach. Auf seinem Gipfel zeugt heute eine riesige, komplexe Caldera von den gewaltigen Eruptionen der Vergangenheit, die den Gipfel nach dem Entleeren der Magmakammer einstürzen ließen.

Für die moderne Planetenforschung stellt Olympus Mons ein unersetzliches Archiv der marsianischen Geologie dar. Die Analyse seiner Lavaströme erlaubt es Wissenschaftlern, die vulkanische Aktivität und die thermische Entwicklung des Planeten über Milliarden von Jahren hinweg zu rekonstruieren. Er dient als eindrucksvolles Mahnmal für die gewaltigen Kräfte, die einst das Antlitz unseres Nachbarplaneten formten und ihn in seine heutige Gestalt verwandelten.

LEITSTERN DER SEEFAHRER

Der Polarstern nimmt am nächtlichen Firmament eine Sonderrolle ein, die ihn seit Jahrtausenden zum wichtigsten Orientierungspunkt der Menschheit macht. Als Hauptstern des Sternbilds »Kleiner Bär« markiert er nahezu exakt den Himmelsnordpol, wodurch er für Beobachter auf der Nordhalbkugel an einer festen Position zu verharren scheint. Während alle anderen Sternbilder im Laufe der Nacht in weiten Bögen um das Zentrum ziehen, bleibt er als unerschütterlicher Fixpunkt stehen. Diese scheinbare Bewegungslosigkeit ist kein Zufall, sondern liegt in der fast perfekten Ausrichtung der Erdachse auf diesen fernen Lichtpunkt begründet.

Wissenschaftlich betrachtet verbirgt sich hinter dem Namen »Alpha Ursae Minoris« weit mehr als ein schlichter Lichtpunkt, denn es handelt sich um ein komplexes Mehrfachsternsystem. Das System besteht aus mindestens drei gravitativ aneinander gebundenen Sonnen, wobei die hellste Komponente ein Überriese ist, der die Leuchtkraft unserer Sonne um ein Vielfaches übertrifft. Seine Berühmtheit verdankt er allein seiner einzigartigen geometrischen Platzierung, die ihn zum unverzichtbaren Werkzeug für die klassische Navigation auf hoher See und in der Astronomie gemacht hat.

Über seine technische Funktion hinaus besitzt der Polarstern eine tief verwurzelte symbolische Strahlkraft in zahlreichen Kulturen. Er gilt als Inbegriff von Beständigkeit und Verlässlichkeit in einer sich ständig wandelnden Welt und wurde in der Literatur oft als spiritueller Wegweiser verehrt.

Seefahrer vertrauten ihr Leben seiner Position an, und Astronomen nutzen ihn bis heute zur präzisen Ausrichtung ihrer Teleskope. Er bleibt somit ein ewiges Symbol für Führung und Stabilität, das uns einen verlässlichen Bezugspunkt im Universum bietet.

AUF DEN SPUREN DER ENTERPRISE

Die Visionen aus »Star Trek« haben Generationen dazu inspiriert, über die Grenzen unserer aktuellen Technologie hinauszublicken. Im Zentrum dieser Faszination steht der »Warp-Antrieb«, ein Konzept, das die unüberwindbar scheinende Barriere der Lichtgeschwindigkeit zu umgehen versucht. Während Einsteins Relativitätstheorie besagt, dass sich kein Objekt mit Masse schneller als das Licht bewegen kann, schlagen theoretische Physiker wie Miguel Alcubierre eine kühne Lösung vor. Anstatt das Raumschiff selbst zu beschleunigen, würde ein solcher Antrieb den Raum vor dem Schiff stauchen und dahinter expandieren lassen, sodass die Besatzung in einer Art Blase surft.

Ein ebenso spekulativer wie mathematisch fundierter Ansatz zur Überwindung kosmischer Distanzen sind »Wurmlöcher«. Diese hypothetischen Abkürzungen im Gefüge der Raumzeit könnten weit entfernte Regionen des Universums wie ein Tunnel miteinander verbinden. Theoretisch ließen sich so Distanzen von tausenden Lichtjahren in Augenblicken überbrücken, was interstellare Reisen erst praktikabel machen würde. Dennoch bleiben diese Konzepte vorerst im Bereich der Mathematik, da für ihre Stabilisierung exotische Materieformen nötig wären, die bisher nicht erzeugt werden konnten.

Trotz dieser gewaltigen Hürden treibt der Pioniergeist der Science-Fiction die reale Forschung unermüdlich voran. Viele heutige Alltagstechnologien wurden einst von den Requisiten der Serie inspiriert und zeigen, wie Träume die Realität formen können. Mit jedem Fortschritt in unserem Verständnis der Struktur des Vakuums kommen wir der Möglichkeit näher, die Sterne nicht nur zu beobachten, sondern sie eines Tages tatsächlich zu besuchen. Die Menschheit steht erst am Anfang einer langen Reise, die uns vielleicht eines Tages tiefer in den Weltraum führt, als wir es uns heute vorzustellen wagen.

ZWISCHEN EISESKÄLTE UND GLUT

Die physikalische Beschaffenheit der Temperatur im Weltall ist ein komplexes Phänomen, da das Fast-Vakuum des Kosmos kaum Materie enthält, die Wärme speichern oder leiten könnte. Anders als auf der Erde, wo die Atmosphäre für einen Temperaturausgleich sorgt, hängt die gefühlte Hitze oder Kälte im All allein davon ab, ob ein Objekt direkt von Strahlung getroffen wird. Ein Körper im Weltraum tauscht Energie fast ausschließlich über Wärmestrahlung aus, was zu massiven Differenzen auf engstem Raum führt. Diese Bedingungen machen den Weltraum zu einer der feindseligsten Umgebungen für biologisches Leben.

In Erdnähe offenbart sich diese Dualität besonders drastisch: Während die Schattenseite eines Objekts auf lebensfeindliche -157 Grad Celsius auskühlen kann, heizt sich die sonnenzugewandte Seite oft auf über 120 Grad Celsius auf. Diese extremen Schwankungen erfordern bei der Konstruktion von Raumanzügen und Satelliten hochspezialisierte Isolationsschichten, um die empfindliche Technik und den menschlichen Körper zu schützen. Ohne diesen Schutz würden Materialien innerhalb kürzester Zeit spröde werden oder schlichtweg schmelzen. Die Thermalkontrolle ist daher eine der wichtigsten Säulen der modernen Raumfahrttechnik.

In den unendlichen Weiten fernab jeder Sonne sinken die Werte schließlich bis knapp über den absoluten Nullpunkt. In diesen interstellaren Regionen beträgt die Temperatur etwa 2,7 Kelvin, was einer Kälte von -270,45 Grad Celsius entspricht. Dieses minimale Temperaturniveau ist das Resultat der »kosmischen Hintergrundstrahlung«, einem fossilen Echo aus der Entstehungsphase des Universums. Jener schwache Energiestrom durchdringt jede Ecke des Kosmos und erinnert uns an die feurige Geburtsstunde von Raum und Zeit.

DAS EISIGE ARCHIV AM RANDE

Jenseits der Bahn des Neptun beginnt mit dem Kuipergürtel eine Region, die wie ein riesiger Tiefkühlschrank für die Überreste der Planetenentstehung wirkt. In einer Distanz von etwa 30 bis 55 Astronomischen Einheiten zur Sonne umkreisen hier zahllose eisige Objekte das Zentrum unseres Systems. Der bekannteste Vertreter dieser Zone ist der Zwergplanet Pluto, dessen Neuklassifizierung im Jahr 2006 die Debatte über die Definition von Planeten erst richtig entfachte. Diese ferne Region markiert die äußere Grenze des vertrauten Sonnensystems.

Die sogenannten Kuipergürtel-Objekte (KBOs) bestehen primär aus gefrorenen Gasen wie Methan und Ammoniak sowie aus Wassereis. Neben Pluto beherbergt dieser Gürtel weitere massereiche Körper wie den Zwergplaneten Eris, dessen Entdeckung bewies, dass Pluto nur einer von vielen Giganten in der Dunkelheit ist. Diese eisigen Welten haben sich seit Milliarden von Jahren kaum verändert und bewahren daher wertvolle Informationen über die chemische Ursuppe unseres Systems. Sie dienen der Astronomie als Fenster in eine Zeit, in der die Sonne noch jung war.

Ein entscheidender Durchbruch in der Erforschung dieser eisigen Ödnis gelang im Jahr 2015 mit der Raumsonde »New Horizons«. Nach ihrem historischen Vorbeiflug an Pluto setzte die Sonde ihre Reise fort und lieferte 2019 faszinierende Daten über das Objekt Arrokoth, das wie ein rötlicher Doppelschnitt aussieht.

Diese Daten halfen Wissenschaftlern, die Prozesse der Akkretion – also das Zusammenballen von Materie zu Himmelskörpern – im frühen Sonnensystem besser zu verstehen. Jede neue Erkenntnis aus dieser Zone vervollständigt das komplexe Puzzle unserer eigenen Herkunft.

ECHO EINES STERBENDEN RIESEN

Pulsare gehören zu den exotischsten Objekten des Kosmos und fungieren als rotierende Neutronensterne, die mit extremer Präzision Radiowellen aussenden. Diese bizarren Himmelskörper bilden sich, wenn ein massereicher Stern in einer gewaltigen Supernova-Explosion stirbt und sein Kern unter der eigenen Schwerkraft kollabiert. Auf einen Durchmesser von nur etwa 20 Kilometern komprimiert, enthält ein solcher Sternenrest die gesamte Masse unserer Sonne. Ein einziger Teelöffel dieser Materie würde auf der Erde Milliarden von Tonnen wiegen, was die unfassbare Dichte dieser Neutronenkugeln verdeutlicht.

Die Entdeckung des ersten Pulsars im Jahr 1967 durch die Astrophysikerin Jocelyn Bell Burnell sorgte zunächst für weltweites Aufsehen. Da die Signale in einem exakten Rhythmus von 1,337 Sekunden eintrafen, zogen die Forscher kurzzeitig in Erwägung, auf eine Nachricht von Außerirdischen gestoßen zu sein.

Dieser Umstand bescherte dem Objekt den berühmten Spitznamen »LGM-1«, eine Abkürzung für »Little Green Men«. Schnell wurde jedoch klar, dass es sich um einen natürlichen physikalischen Prozess handelt, bei dem die Strahlungskegel des rotierenden Sterns wie bei einem Leuchtturm regelmäßig über die Erde hinwegfegen.

In der modernen Wissenschaft dienen Pulsare als die genauesten Uhren des Universums. Ihre stabilen Rotationsperioden ermöglichen es Forschern, die Vorhersagen der allgemeinen Relativitätstheorie unter extremen Bedingungen zu überprüfen und sogar nach winzigen Krümmungen in der Raumzeit, den Gravitationswellen, zu suchen. Besonders die Millisekunden-Pulsare, die sich hunderte Male pro Sekunde um die eigene Achse drehen, liefern tiefgreifende Einblicke in die Dynamik kompakter Materie.

DER RIESE UNTER DEN MONDEN

Im Schatten des Gasriesen Jupiter zieht Ganymed seine Bahnen, ein Himmelskörper von so gewaltigen Ausmaßen, dass er selbst den innersten Planeten unseres Systems, Merkur, an Größe übertrifft. Mit einem Durchmesser von etwa 5.268 Kilometern beansprucht er den Titel des größten Mondes im Sonnensystem für sich. Seine enorme Masse und das beeindruckende Volumen machen ihn zu einem der markantesten Objekte in der planetaren Nachbarschaft. Die Entdeckung dieses Giganten durch Galileo Galilei im Jahr 1610 markierte den Beginn einer neuen Ära in der Astronomie.

Die Oberfläche offenbart eine bewegte geologische Geschichte, die durch einen scharfen Kontrast zwischen uralten, dunklen Kraterlandschaften und helleren, von Furchen durchzogenen Gebieten geprägt ist. Letztere deuten darauf hin, dass tektonische Kräfte die Eiskruste des Mondes in der Vergangenheit massiv geformt haben müssen. Tief unter diesem eisigen Panzer vermuten Forscher einen gigantischen, salzhaltigen Ozean, der die Wassermenge aller irdischen Meere zusammengenommen bei weitem übersteigen könnte. Diese potenzielle Wasserwelt macht Ganymed zu einem der vielversprechendsten Orte bei der Suche nach lebensfreundlichen Bedingungen außerhalb der Erde.

Sensationell ist auch das eigene Magnetfeld Ganymeds, das unter allen Monden einzigartig ist. Diese Magnetosphäre steht in ständiger Wechselwirkung mit dem gewaltigen Strahlungsgürtel des Jupiters, was zu komplexen physikalischen Phänomenen in der Umgebung des Mondes führt. Um diese Geheimnisse endgültig zu lüften, ist die europäische Raumsonde »JUICE« bereits auf dem Weg, um das System aus nächster Nähe zu kartieren. Ihre Daten werden uns helfen zu verstehen, wie ein Eismond eine solch dynamische und schützende Hülle entwickeln konnte.

DAS FEURIGE ENDE DER WELT

In etwa fünf Milliarden Jahren wird unsere Sonne ihre stabile Phase verlassen und sich in einen Roten Riesen verwandeln. Dieser dramatische Wandel setzt ein, sobald der Wasserstoffvorrat im Kern nahezu erschöpft ist und die Fusion von Helium beginnt. Durch den veränderten Strahlungsdruck dehnen sich die äußeren Schichten des Sterns massiv aus, während sie gleichzeitig abkühlen, was der Sonne ihr charakteristisches, rötlich leuchtendes Aussehen verleiht. In diesem aufgeblähten Zustand wird unser Heimatstern seinen Radius auf das Hundertfache des heutigen Durchmessers ausdehnen.

Diese gigantische Expansion hat katastrophale Folgen für das innere Sonnensystem, da die Sonne die Planeten Merkur und Venus vollständig verschlingen wird. Selbst wenn die Erde nicht direkt in die feurige Gashülle gerät, sorgen die extrem ansteigenden Temperaturen dafür, dass sämtliche Ozeane verdampfen und die Atmosphäre ins All gerissen wird. Jegliche Form von Leben, wie wir sie heute kennen, wird unter dieser intensiven Strahlungslast längst erloschen sein. Die einstige Wiege der Menschheit wird zu einer leblosen, verbrannten Schlackekugel im Glühen des sterbenden Sterns.

Nachdem die Sonne ihre maximale Ausdehnung erreicht hat, wird sie ihre äußeren Schichten in Form eines farbenprächtigen Planetarischen Nebels ins Weltall abstoßen. Zurück bleibt lediglich der ausgebrannte, extrem dichte Kern, der fortan als Weißer Zwerg von der Größe der Erde im Zentrum des Nebels verharrt. Ohne weitere Fusionsprozesse wird dieser Überrest über Milliarden von Jahren hinweg langsam abkühlen und schließlich im Dunkel des Universums verblassen. Sensationell ist auch das eigene Magnetfeld Ganymeds, das unter allen Monden einzigartig ist. Dieses finale Stadium erinnert uns an die Vergänglichkeit aller Strukturen im Kosmos und markiert das unwiderrufliche Ende unseres Sonnensystems.

SCHMIEDEN DES UNIVERSUMS

Eine Hypernova stellt eine der energiereichsten Explosionen im bekannten Universum dar und markiert das furiose Ende extrem massereicher Sterne. Diese Giganten, die oft die 30-fache Masse unserer Sonne überschreiten, kollabieren am Ende ihres Lebenszyklus unter ihrer eigenen immensen Gravitation. Bei diesem Vorgang wird eine Energiemenge freigesetzt, die eine gewöhnliche Supernova bei weitem in den Schatten stellt. Das Resultat eines solchen katastrophalen Zusammenbruchs ist in der Regel die Entstehung eines neuen Schwarzen Lochs im Zentrum der Trümmerwolke.

Sobald der nukleare Brennstoff im Inneren eines solchen Sterns vollständig erschöpft ist, bricht das hydrostatische Gleichgewicht schlagartig zusammen. In Sekundenbruchteilen rast die Materie des Kerns nach innen, während die äußeren Schichten mit unvorstellbarer Wucht in den interstellaren Raum geschleudert werden. Die Intensität dieser Explosion ist so gewaltig, dass sie für kurze Zeit die kombinierte Leuchtkraft von Milliarden Sternen einer ganzen Galaxie überstrahlen kann. Oft geht dieses Ereignis mit einem sogenannten Gammablitz einher, der energiereiche Strahlung über tausende Lichtjahre hinweg aussendet.

Über ihre zerstörerische Kraft hinaus fungieren Hypernovae als fundamentale Fabriken für die chemische Vielfalt des Kosmos. In den extremen Druck- und Temperaturverhältnissen der Explosionswelle entstehen schwere Elemente wie Gold, Platin und Uran, die auf anderem Wege kaum gebildet werden könnten. Diese wertvollen Baustoffe werden durch die Druckwelle tief in den Weltraum getragen, wo sie sich mit interstellaren Wolken vermischen. Somit liefern diese gigantischen Sternentode die notwendigen Zutaten für die nächste Generation von Sonnensystemen und bilden die materielle Grundlage für Planeten und lebende Organismen.

RÄTSEL DER LANGSAMEN ROTATION

Ein Jahr auf der Venus bietet eine einzigartige Perspektive auf die Zeit, die sich grundlegend von unseren irdischen Konzepten unterscheidet. Die Venus dreht sich nur äußerst langsam um ihre eigene Achse, was dazu führt, dass eine einzige Rotation etwa 243 Erdentage in Anspruch nimmt. Im Gegensatz dazu benötigt der Planet für einen vollständigen Umlauf um die Sonne lediglich 225 Erdentage. Diese faszinierende Kuriosität führt dazu, dass ein Venustag tatsächlich länger dauert als ein Venusjahr – eine Dynamik, die im gesamten Sonnensystem ihresgleichen sucht.

Zusätzlich zu dieser extremen Verlangsamung weist die Venus eine »retrograde« Rotation auf, was bedeutet, dass sie sich entgegen der Drehrichtung der meisten anderen Planeten bewegt. Auf der Venus geht die Sonne daher im Westen auf und im Osten unter, sofern man sie durch die dichte Wolkendecke überhaupt erblicken könnte. Diese ungewöhnliche Drehbewegung führt in Kombination mit der massiven Atmosphäre zu extremen Wetterphänomenen und einer gewaltigen Hitzestauung. Wissenschaftler vermuten, dass eine gewaltige Kollision in der Frühzeit des Sonnensystems oder starke Gezeitenkräfte der Sonne die ursprüngliche Rotation des Planeten abgebremst und umgekehrt haben könnten.

Die Venus regt uns dazu an, unsere gewohnten Konzepte von Zeit und Bewegung im Universum zu überdenken. Ihre eigenwillige Mechanik erinnert uns daran, dass das Universum ständig mit Überraschungen aufwartet und uns immer wieder vor neue physikalische Rätsel stellt. Die Erforschung dieser Welt hilft uns zu verstehen, wie unterschiedlich sich Gesteinsplaneten trotz ähnlicher Ausgangsbedingungen entwickeln können. Letztlich bleibt die Venus ein Symbol für die unendliche Vielfalt, die sich jenseits unserer eigenen Atmosphäre verbirgt.

EINSTEINS UNGLEICHE GESCHWISTER

Das berühmte Zwillingsparadoxon der Relativitätstheorie illustriert auf eindrucksvolle Weise die Auswirkungen der Zeitdilatation. Dieses Gedankenexperiment beschreibt zwei Zwillinge: Einer bleibt auf der Erde zurück, während der andere mit nahezu Lichtgeschwindigkeit durch den Weltraum reist. Nach der Rückkehr des Reisenden stellt sich heraus, dass er wesentlich weniger Zeit erfahren hat und somit jünger geblieben ist als sein auf der Erde verbliebener Zwilling.

Diese scheinbar paradoxe Situation ergibt sich aus Einsteins spezieller Relativitätstheorie, die besagt, dass die Zeit für einen sich schnell bewegenden Beobachter langsamer vergeht als für einen ruhenden. Im Fall dieses Experiments erlebt der reisende Zwilling die Zeitdilatation, da er sich mit einer enormen Geschwindigkeit relativ zur Erde bewegt. Dieser Effekt wurde bereits durch zahlreiche Experimente mit Teilchenbeschleunigern und hochpräzisen Atomuhren zweifelsfrei bestätigt. Er verdeutlicht, dass unsere alltägliche Vorstellung von einer universellen, absolut gleichmäßig fließenden Zeit eine Täuschung ist.

Obwohl das Paradoxon zunächst verwirrend erscheinen mag, wird es durch die physikalischen Rahmenbedingungen vollständig erklärt. Die Symmetrie zwischen den Zwillingen wird dadurch aufgebrochen, dass der Reisende beschleunigen, umkehren und wieder abbremsen muss, was ihn von der gleichförmigen Bewegung des Erdbewohners unterscheidet.

Diese Erkenntnisse sind heute von praktischer Bedeutung für die Planung interstellarer Missionen und die Funktionsweise von GPS-Systemen. Sie zeigen uns, dass die Zeit selbst durch Bewegung und Gravitation formbar ist und untrennbar mit dem Gefüge des Raumes zusammenhängt.

UNGLEICHE GÜRTEL DER RIESEN

Jupiter und Saturn, die Giganten unseres Systems, teilen die Eigenschaft, von faszinierenden Ringsystemen umgeben zu sein, die sich jedoch in ihrer Natur grundlegend unterscheiden. Während die Ringe des Saturns hell und weitläufig leuchten, bestehen sie primär aus unzähligen Eispartikeln, die das Sonnenlicht effizient reflektieren. Diese markante Struktur ist so ausgeprägt, dass sie bereits mit einfachen Teleskopen von der Erde aus in ihrer vollen Pracht bewundert werden kann. Sie bilden ein ikonisches Merkmal, das den Saturn zum wohl bekanntesten Planeten des Nachthimmels macht.

Im markanten Kontrast dazu stehen die Ringe des Jupiters, die aufgrund ihrer dunklen Färbung und geringen Dichte lange Zeit unentdeckt blieben. Sie bestehen hauptsächlich aus feinem Gesteinsstaub, der weniger Licht zurückwirft und vermutlich durch Einschläge von Mikrometeoriten auf den kleinen inneren Monden des Planeten freigesetzt wird. Erst im Jahr 1979 gelang es der Raumsonde »Voyager 1«, dieses filigrane System aus nächster Nähe nachzuweisen. Die Erforschung dieser schwachen Bänder liefert der Wissenschaft entscheidende Hinweise darauf, wie Materie zwischen Monden und ihren Mutterplaneten ausgetauscht wird.

Obwohl Saturns Ringe die spektakulärere Optik bieten, sind beide Systeme für das Verständnis der Planetenentwicklung gleichermaßen wertvoll. Sie verdeutlichen, wie unterschiedlich Gasriesen trotz ähnlicher Größe ihre Umgebung prägen können.

Diese Erkenntnisse helfen uns dabei, die komplexen Prozesse zu rekonstruieren, die unser Sonnensystem über Jahrmilliarden geformt haben. Letztlich zeigt uns dieser Vergleich, dass selbst im Schatten der größten Riesen noch verborgene Strukturen darauf warten, von uns entschlüsselt zu werden.

DAS FLÜSTERN DER RAUMZEIT

Im Jahr 2015 gelang der Wissenschaft ein historischer Durchbruch, als zum ersten Mal Gravitationswellen direkt nachgewiesen werden konnten. Diese winzigen Kräuselungen im Gefüge der Raumzeit entstehen durch die heftigsten Ereignisse im Universum, etwa wenn zwei Schwarze Löcher miteinander verschmelzen. Albert Einstein hatte ihre Existenz bereits 1916 in seiner Allgemeinen Relativitätstheorie prophezeit, doch ihre direkte Beobachtung galt aufgrund der unvorstellbar geringen Effekte lange als technisch unmöglich. Die Bestätigung dieser Theorie markiert einen der bedeutendsten Meilensteine in der Geschichte der modernen Physik.

Der entscheidende Nachweis gelang schließlich mit dem »LIGO«-Detektor, dessen hochempfindliche Laser-Interferometer selbst Abweichungen im Subatomar-Bereich messen können. Am 14. September 2015 registrierten die Instrumente ein Signal, das von einer Kollision zweier Schwarzer Löcher in 1,3 Milliarden Lichtjahren Entfernung stammte. Jener Moment setzte kurzzeitig mehr Energie frei als die kombinierte Leuchtkraft aller Sterne im beobachtbaren Universum. Die dabei entstandenen Wellen rasten mit Lichtgeschwindigkeit durch den Kosmos, bis sie die Erde erreichten und die kilometerlangen Arme des Detektors minimal verformten.

Diese Entdeckung eröffnete eine völlig neue Ära, da Astronomen das Universum nun nicht mehr nur »sehen«, sondern gewissermaßen auch »hören« können. Gravitationswellen erlauben uns den Blick auf Objekte, die für klassische Teleskope völlig unsichtbar bleiben, wie etwa isolierte Schwarze Löcher oder die Verschmelzung von Neutronensternen. Durch diese neue Sinneswahrnehmung erhalten Forscher tiefere Einblicke in die extremsten physikalischen Zustände der Materie. Damit wird die Erforschung des Kosmos künftig weit über die Grenzen des sichtbaren Lichts hinausgehen.

SEGELND DURCH DAS VAKUUM

Die Technologie der Sonnensegel revolutioniert unsere Vorstellung von Reisen durch den Weltraum grundlegend. Dieses Antriebskonzept basiert auf riesigen, hochreflektierenden Membranen, die den Strahlungsdruck des Sonnenlichts einfangen, um Vortrieb zu generieren. Anstatt auf schwere chemische Raketentriebwerke angewiesen zu sein, nutzen diese Segel den stetigen Impuls der Photonen für eine kontinuierliche Beschleunigung. Obwohl diese Kraft anfangs nur schwach wirkt, ermöglicht sie über lange Zeiträume hinweg Geschwindigkeiten, die mit herkömmlichen Methoden kaum erreichbar wären.

Die Segel selbst bestehen aus extrem dünnen, gewichtsoptimierten Materialien, die dennoch robust genug sind, um den harschen Bedingungen des Vakuums standzuhalten. Wenn das Sonnenlicht auf die reflektierende Fläche trifft, übertragen die Lichtquanten einen winzigen Bewegungsimpuls, der das gesamte Raumfahrzeug vorantreibt. Da im Weltall kein Luftwiderstand existiert, summiert sich dieser minimale Druck im Laufe der Zeit zu einer enormen kinetischen Energie. Diese Eigenschaft macht Sonnensegel besonders attraktiv für Missionen, die über die Grenzen unseres eigenen Systems hinausführen sollen.

Ein Pionier auf diesem Gebiet war die Raumsonde »IKAROS«, die 2010 die Funktionsfähigkeit dieser Technologie im offenen Weltraum erfolgreich demonstrierte. Die Zukunftsvisionen für diesen lautlosen Antrieb sind noch weitaus ambitionierter und umfassen Projekte wie interstellare Sonden, die mit Laserunterstützung zu den nächsten Sternensystemen reisen könnten. Mit ausreichend großen Segelflächen könnten solche Schiffe theoretisch ferne Welten erkunden, ohne jemals Treibstoff nachfüllen zu müssen. Letztlich bieten Sonnensegel einen nachhaltigen Weg, um die tiefsten Geheimnisse des Kosmos zu entschlüsseln.

DIE GROSSE LEERE IM NICHTS

Der Eridanus-Supervoid stellt eine gigantische Leere im Universum dar, die sich über etwa eine Milliarde Lichtjahre erstreckt und nahezu keine Galaxien enthält. Diese faszinierende Region wurde durch präzise Beobachtungen des kosmischen Mikrowellenhintergrunds entdeckt, da sie sich als auffällig kühler Fleck in der Strahlung des Urknalls abzeichnet. Im Sternbild Eridanus gelegen, bildet sie eine der größten bekannten Strukturen – oder treffender gesagt: Nicht-Strukturen – des gesamten Kosmos. Die schiere Größe dieser Leere stellt unsere bisherigen Modelle über die Materieverteilung im All vor enorme Herausforderungen.

Normalerweise sind Galaxien und Galaxienhaufen in einem großräumigen Netz, dem »kosmischen Netz«, miteinander verbunden, doch im Supervoid scheint dieser Faden abgerissen zu sein. Wissenschaftler vermuten, dass dieser Leerraum seinen Ursprung in winzigen Quantenfluktuationen kurz nach der Geburtsstunde des Universums hat. Diese minimalen Unregelmäßigkeiten dehnten sich während der inflationären Phase des Urknalls zu den heute beobachtbaren gewaltigen Distanzen aus. Der Eridanus-Supervoid dient somit als ein fossiler Fingerabdruck der physikalischen Prozesse, die das Universum in seinen ersten Sekundenbruchteilen formten.

Darüber hinaus weckt die Region das Interesse der Forschung, da sie wertvolle Hinweise auf die Natur der Dunklen Energie liefern könnte. Jene mysteriöse Kraft, die für die beschleunigte Expansion des Weltalls verantwortlich ist, beeinflusst maßgeblich, wie sich solche Leerräume über Milliarden von Jahren hinweg entwickeln. Studien des Supervoids könnten dabei helfen, die Wechselwirkung zwischen Dunkler Energie und der sichtbaren Materie besser zu verstehen. Obwohl noch viele Fragen offen sind, bleibt dieses gigantische Nichts einer der spannendsten Schauplätze der modernen Kosmologie.

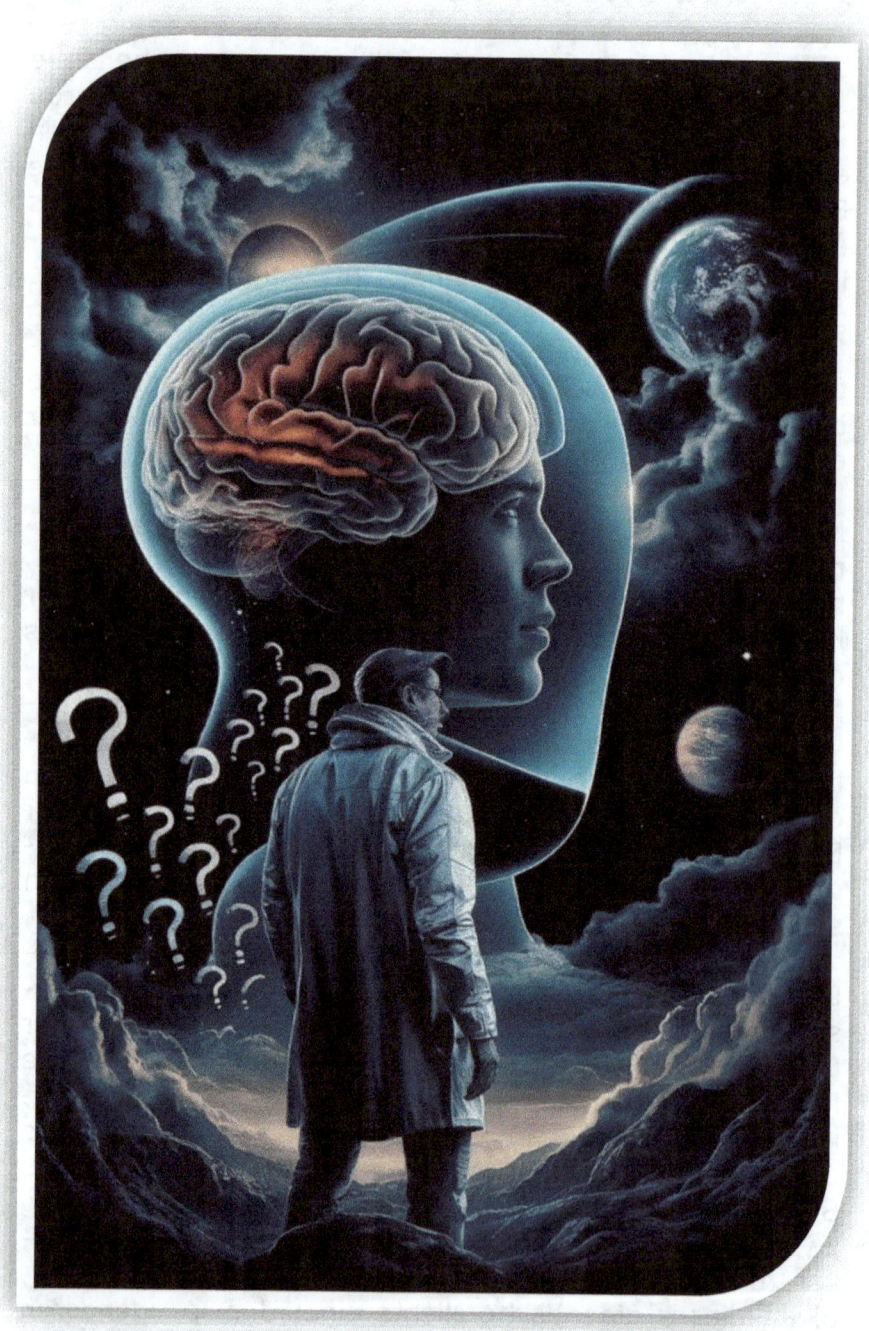

SUCHE NACH DEN ANDEREN

Das berühmte Fermi-Paradoxon stellt die provokante Frage, warum wir trotz der statistisch hohen Wahrscheinlichkeit außerirdischen Lebens bisher keinerlei Hinweise auf andere Zivilisationen gefunden haben. Benannt nach dem Physiker Enrico Fermi, entstand diese Überlegung während einer Diskussion in den 1950er Jahren über das Alter und die schiere Größe des Universums. Wenn es Milliarden von sonnenähnlichen Sternen gibt, die erdähnliche Planeten beherbergen könnten, müsste die Galaxie theoretisch längst von technologisch fortgeschrittenen Spezies bevölkert sein.

Die Diskrepanz zwischen dieser hohen Erwartungshaltung und der beobachteten Stille bildet den Kern des Paradoxons. Angesichts der Milliarden Jahre, die für die Entwicklung von Intelligenz zur Verfügung standen, erscheint das Fehlen von Radiosignalen oder Mega-Strukturen wie Dyson-Sphären äußerst rätselhaft. Es gibt zahlreiche Erklärungsansätze, die von der »Selbstauslöschung« technischer Zivilisationen bis hin zur Hypothese des »Großen Filters« reichen – einer Barriere, die fast alles Leben am Aufstieg zu interstellaren Reisen hindert. Vielleicht sind wir auch einfach die Ersten, die diese Stufe erreicht haben, oder unsere Kommunikationstechnologien sind noch zu primitiv.

Das Fermi-Paradoxon regt nicht nur die astronomische Forschung an, sondern zwingt uns auch zur philosophischen Reflexion über unsere eigene Zukunft. Es stellt unsere Rolle im Kosmos infrage und mahnt uns zur Vorsicht im Umgang mit unseren eigenen Ressourcen und Technologien. Letztlich bleibt die Suche nach einer Antwort einer der stärksten Motoren für die Erforschung des Weltalls. Ob wir eines Tages auf eine Antwort stoßen oder für immer allein bleiben, wird die Definition der Menschheit grundlegend verändern.

ZEITREISEN IN DIE VERGANGENHEIT

Solche Reisen stellen eines der faszinierendsten und zugleich spekulativsten Gebiete der modernen Physik dar. Während Einsteins Relativitätstheorie Zeitreisen in die Zukunft mittels Zeitdilatation bereits als physikalische Realität beschreibt, konfrontieren uns Reisen rückwärts durch die Zeit mit massiven logischen Hürden. Das bekannteste Problem ist das »Großvater-Paradoxon«, bei dem ein Reisender seine eigene Existenz durch einen Eingriff in die Ahnenreihe auslöschen würde. Diese kausale Schleife widerspricht unserem fundamentalen Verständnis von Ursache und Wirkung.

Ein theoretischer Ausweg zur Überwindung dieser Barrieren könnten »Wurmlöcher« sein, auch bekannt als Einstein-Rosen-Brücken. Diese hypothetischen Abkürzungen fungieren als Tunnel, die weit entfernte Punkte oder verschiedene Zeitpunkte der Raumzeit miteinander verknüpfen. Um ein solches Wurmloch jedoch passierbar zu machen, wäre exotische Materie mit negativer Energiedichte nötig, um den Kollaps des Tunnels zu verhindern. Bisher existieren solche Konstrukte lediglich in den mathematischen Gleichungen der allgemeinen Relativitätstheorie, ohne direkten Beweis ihrer physischen Existenz.

Zusätzlich diskutiert die Wissenschaft sogenannte »geschlossene zeitartige Kurven«, die in rotierenden Universen oder um extrem massereiche, rotierende Zylinder auftreten könnten. Diese Pfade würden es einem Objekt erlauben, sich so durch die Raumzeit zu bewegen, dass es an seinen eigenen Ausgangspunkt in der Vergangenheit zurückkehrt. Trotz dieser mathematisch konsistenten Lösungen bleiben Zeitreisen in die Vergangenheit vorerst ein faszinierendes Gedankenspiel der theoretischen Physik und ein Kernelement der Science-Fiction. Die Forschung an diesen Grenzen hilft uns jedoch, die tiefere Struktur von Raum und Zeit besser zu begreifen.

GIGANTEN IM TASCHENFORMAT

Neutronensterne stellen einen der extremsten Zustände dar, die Materie im Universum annehmen kann. Sie entstehen als Überreste massiver Sterne, die am Ende ihres Lebens in einer gewaltigen Supernova explodieren und dabei ihre äußeren Schichten ins All schleudern. Der zurückbleibende Kern kollabiert unter seiner eigenen Gravitation zu einem Objekt von unvorstellbarer Dichte, das fast ausschließlich aus Neutronen besteht. Ein einziger Teelöffel dieser bizarren Materie würde auf der Erde etwa sechs Milliarden Tonnen wiegen – das entspricht etwa dem Gewicht der gesamten Menschheit.
Diese extreme Kompression resultiert aus dem immensen Druck während des Kollapses, der so gewaltig ist, dass Protonen und Elektronen regelrecht ineinander gepresst werden und zu Neutronen verschmelzen. Das Ergebnis ist ein Himmelskörper, der typischerweise nur einen Durchmesser von etwa 20 Kilometern besitzt, aber dennoch mehr Masse als unsere gesamte Sonne in sich vereint. Diese enorme Konzentration von Masse auf engstem Raum krümmt die Raumzeit in ihrer unmittelbaren Umgebung so stark, dass selbst Lichtstrahlen deutlich abgelenkt werden.

Darüber hinaus besitzen Neutronensterne die stärksten Magnetfelder im bekannten Kosmos und rotieren oft mit rasender Geschwindigkeit. Wenn sie dabei gebündelte Strahlung wie ein kosmischer Leuchtturm ins All senden, werden sie als Pulsare bezeichnet.

Die Untersuchung dieser exotischen Objekte erlaubt es der Astrophysik, die fundamentalen Gesetze der Physik unter Bedingungen zu testen, die in keinem irdischen Labor jemals nachgestellt werden könnten. Sie sind somit unverzichtbare natürliche Laboratorien für unser Verständnis der Quantenmechanik und der allgemeinen Relativitätstheorie.

DIE ILLUSION DER EWIGKEIT

Die Vorstellung, dass Zeit gar nicht existiert, mag paradox klingen, wird jedoch in der modernen Physik und Philosophie als ernsthafte Hypothese diskutiert. Wir nutzen Zeit üblicherweise als lineares Maß, um Veränderungen und die Abfolge von Ereignissen zu strukturieren. Dennoch gibt es theoretische Ansätze, die das Wesen dieser Dimension grundlegend infrage stellen und sie eher als ein Konstrukt unserer Wahrnehmung betrachten. In der klassischen Physik Newtons galt die Zeit noch als absolute, universelle Konstante, die völlig unabhängig von Materie und Raum gleichmäßig dahinfließt.

Diese Sichtweise wurde durch Albert Einsteins Relativitätstheorie radikal revidiert, indem er nachwies, dass Zeit dehnbar ist und untrennbar mit dem Raum verwoben existiert. Raum und Zeit bilden ein dynamisches »Raum-Zeit-Kontinuum«, in dem Uhren je nach Gravitation oder Geschwindigkeit unterschiedlich schnell schlagen. In der Quantenphysik gehen Forscher heute sogar noch einen Schritt weiter und vermuten, dass Zeit eine »emergente« Eigenschaft sein könnte. Das bedeutet, sie wäre nicht fundamental, sondern würde erst aus tiefer liegenden, zeitlosen physikalischen Wechselwirkungen hervorgehen.

Besonders die Theorie der Schleifenquantengravitation schlägt vor, dass die Raumzeit aus winzigen, diskreten Bausteinen besteht, ähnlich wie ein Gewebe. Auf dieser mikroskopischen Ebene verliert der Begriff der Zeit seine Bedeutung, da es dort keine kontinuierliche Abfolge mehr gibt. Diese spekulativen Ideen fordern unser Verständnis der Realität heraus und legen nahe, dass das Universum auf seiner tiefsten Ebene völlig anders beschaffen sein könnte, als wir es im Alltag erleben. Letztlich zeigt uns diese Debatte, dass unsere gewohnte Zeitmessung vielleicht nur die Oberfläche einer zeitlosen tieferen Ordnung darstellt.

EWIGER TANZ DER GEZEITEN

Die Mondphasen sind ein faszinierendes Phänomen, das durch die wechselnde Geometrie zwischen Erde, Mond und Sonne entsteht. Da der Mond kein eigenes Licht aussendet, sehen wir von der Erde aus immer nur den Teil der Mondoberfläche, der gerade von der Sonne beleuchtet wird. Dieser Zyklus von der schmalen Sichel bis zum strahlenden Vollmond wiederholt sich in einem Rhythmus von etwa 29,5 Tagen, dem sogenannten synodischen Monat.

Über die nächtliche Beleuchtung hinaus übt der Mond durch seine Gravitation einen massiven Einfluss auf unseren Planeten aus. Die Anziehungskraft des Trabanten ist hauptverantwortlich für das Entstehen der Gezeiten, wobei sie die Wassermassen der Ozeane in Richtung des Mondes verformt. Diese Kräfte sind so gewaltig, dass sie sogar die feste Erdkruste um mehrere Dezimeter anheben und senken. Diese ständige innere Reibung führt zu einem physikalischen Bremseffekt: Die Erdrotation verlangsamt sich minimal, ein Vorgang, den man als Gezeitenreibung bezeichnet. Ohne diesen stabilisierenden Einfluss des Mondes würde die Erde deutlich schneller und unregelmäßiger rotieren, was extreme klimatische Schwankungen zur Folge hätte.

Diese energetische Wechselwirkung hat langfristige Konsequenzen für das gesamte System. Da die Erde Rotationsenergie verliert, wird dieser Drehimpuls auf den Mond übertragen, was dazu führt, dass er sich auf einer spiralförmigen Bahn langsam von uns entfernt – jedes Jahr um etwa 3,8 Zentimeter. Über Jahrmillionen hinweg hat dieser Prozess die Tage auf der Erde stetig verlängert: In der Frühzeit unseres Planeten dauerte ein voller Tag vermutlich nur wenige Stunden. Die tiefe Verbindung zwischen den beiden Himmelskörpern prägt somit nicht nur unsere Meere, sondern definiert seit Äonen den Takt unseres Lebens.

WENN SCHWARZE LÖCHER SCHWITZEN

Hawking-Strahlung ist ein revolutionäres Konzept, das der Physiker Stephen Hawking (1942 - 2018) in den 1970er Jahren entwickelte und das unsere Sicht auf Schwarze Löcher grundlegend veränderte. Entgegen der klassischen Annahme, dass diesen Objekten absolut nichts entkommen kann, besagt seine Theorie, dass sie eine schwache thermische Strahlung abgeben.

Dieses Phänomen entsteht durch komplexe Quanteneffekte direkt am Ereignishorizont, der Grenze ohne Wiederkehr. Damit bewies Hawking theoretisch, dass Schwarze Löcher keine ewigen Endstationen sind, sondern einer langsamen, aber stetigen Veränderung unterliegen.

Der physikalische Mechanismus dahinter beruht auf der ständigen Entstehung von Teilchen-Antiteilchen-Paaren im scheinbar leeren Vakuum. Normalerweise vernichten sich diese virtuellen Paare augenblicklich wieder, doch in der extremen Gravitationsnähe des Ereignishorizonts kann dieses Gleichgewicht gestört werden. Fällt ein Partner in das Schwarze Loch, während der andere ins All entkommt, wird Letzterer für einen äußeren Beobachter als reale Strahlung sichtbar. Da das eingefangene Teilchen rechnerisch eine negative Energie besitzt, verringert sich die Gesamtenergie und damit die Masse des Schwarzen Lochs bei jedem dieser Prozesse.

Dieser Vorgang führt theoretisch dazu, dass Schwarze Löcher über unvorstellbar lange Zeiträume hinweg »verdampfen«. Während dieser Prozess bei massereichen Objekten extrem langsam abläuft, beschleunigt er sich bei schrumpfender Masse dramatisch, bis das Loch in einer finalen Explosion vergeht. Die Entdeckung dieser Strahlung war deshalb so bedeutsam, weil sie erstmals die Gesetze der Quantenmechanik erfolgreich mit der allgemeinen Relativitätstheorie verknüpfte.

SEKUNDEN DER VERNICHTUNG

Gammastrahlung stellt die energiereichste Form elektromagnetischer Wellen dar und entsteht bei den gewaltigsten Katastrophen des Universums. Sie wird durch radioaktive Zerfälle, nukleare Fusionen oder durch extreme Ereignisse wie Supernovae freigesetzt. Aufgrund ihrer kurzen Wellenlänge besitzt diese Strahlung eine so hohe Durchdringungskraft, dass sie Materie mühelos passiert und biologische Zellen auf molekularer Ebene schädigt. Diese Kombination aus physikalischer Urgewalt und Zerstörungskraft macht sie zu einem der am genauesten überwachten Phänomene der Astrophysik.

Zu den beeindruckendsten Quellen zählen die Gammastrahlenausbrüche (GRBs), die binnen Sekunden mehr Energie emittieren als unsere Sonne in ihrer gesamten Lebensspanne. Wissenschaftler unterscheiden dabei zwischen kurzen Ausbrüchen durch Neutronenstern-Kollisionen und langen Ausbrüchen, die den Kollaps eines Riesensterns markieren. Diese Lichtblitze sind so intensiv, dass sie selbst über Distanzen von Milliarden Lichtjahren hinweg die hellsten Objekte am Firmament überstrahlen können. Ein solcher Strahlungskegel wirkt wie ein kosmischer Partikelstrahl, der alles in seinem Pfad mit tödlicher Präzision trifft.

Obwohl GRBs statistisch selten sind, könnten sie in der Erdgeschichte bereits eine verheerende Rolle gespielt haben. Forscher diskutieren die Hypothese, dass ein Ausbruch in unserer Milchstraße das Massenaussterben am Ende des Ordoviziums vor rund 450 Millionen Jahren auslöste. Die Strahlung hätte in diesem Szenario die Ozonschicht zerstört und eine tödliche Kaskade chemischer Reaktionen in der Atmosphäre in Gang gesetzt. Trotz der geringen Wahrscheinlichkeit eines nahen Treffers erinnert uns dieses Szenario an die Zerbrechlichkeit des Lebens im Angesicht kosmischer Prozesse.

AM RANDE DER DUNKELHEIT

Die Oortsche Wolke ist eine hypothetische Region unseres Sonnensystems, die als gigantische, kugelförmige Hülle aus Milliarden eisiger Körper beschrieben wird. Sie befindet sich in einer unvorstellbaren Distanz von etwa 2.000 bis 100.000 Astronomischen Einheiten (AE) zur Sonne und markiert die äußerste Grenze der gravitativen Herrschaft unseres Sterns. Zum Vergleich: 1 AE entspricht der Entfernung Erde-Sonne, also rund 150 Millionen Kilometern. Diese Region bildet das Reservoir für langperiodische Kometen, die gelegentlich in das innere Sonnensystem vordringen und dort spektakuläre Schweife entwickeln.

Die Objekte in dieser Wolke sind ursprüngliche Überbleibsel aus der Geburtsstunde des Sonnensystems vor etwa 4,6 Milliarden Jahren. Man nimmt an, dass diese eisigen Brocken durch die starken Gravitationskräfte der Gasriesen wie Jupiter und Saturn aus dem inneren Bereich nach außen geschleudert wurden. Obwohl die Oortsche Wolke aufgrund der enormen Distanz und der Dunkelheit noch nie direkt beobachtet werden konnte, gilt ihre Existenz durch indirekte Beweise als wissenschaftlich gesichert. Dass Kometen scheinbar völlig willkürlich aus allen Himmelsrichtungen auf die Sonne zusteuern, stützt die Theorie einer kugelförmigen Verteilung massiv.

Die Erforschung dieser fernen Zone könnte uns wertvolle Einblicke in die chaotische Frühphase unseres Planetensystems liefern. Die Oortsche Wolke fungiert gewissermaßen als »Tiefkühltruhe« der Geschichte, in der die ursprünglichen Baustoffe der Planetenbildung über Äonen hinweg konserviert wurden. Ihr Studium hilft uns, die dynamischen Prozesse zu verstehen, die die Architektur unseres Kosmos bis heute beeinflussen. Letztlich erinnert uns dieses riesige Gebilde daran, dass unser vertrautes Planetensystem nur ein winziger Teil einer viel größeren, eisigen Struktur ist.

ALCHEMIE DES UNIVERSUMS

Gold und andere schwere Elemente wie Platin oder Uran werden nicht in den üblichen Fusionsprozessen im Inneren von Sternen erzeugt, da deren Energie dafür nicht ausreicht. Stattdessen entstehen sie bei weitaus gewaltigeren Ereignissen, insbesondere bei der Kollision zweier Neutronensterne. Wenn diese extrem dichten Überreste massiver Sonnen in einem bizarren Tanz aufeinanderprallen, werden physikalische Bedingungen erreicht, die im restlichen Universum kaum existieren. Diese katastrophalen Begegnungen setzen enorme Energiemengen frei und bilden die einzige natürliche Schmiede für viele der wertvollsten Stoffe unserer Welt.

Während der Kollision werden Neutronen und Protonen in einem rasanten Prozess namens »Neutroneneinfang« zu schweren Atomkernen verschmolzen. Dieser als r-Prozess (rapid neutron capture process) bekannte Mechanismus ermöglicht es, dass Atomkerne in Sekundenbruchteilen massiv an Gewicht zunehmen und so Elemente jenseits von Eisen bilden. Die unglaublich hohe Dichte an freien Neutronen während des Zusammenpralls ist die zwingende Voraussetzung für die Entstehung von Gold. Ohne diese extremen Bedingungen würde das Periodensystem der Elemente deutlich kürzer ausfallen und viele uns vertraute Metalle wären im Kosmos nicht vorhanden.

Die frisch geschmiedeten Elemente werden nach der Explosion mit gewaltiger Geschwindigkeit in den interstellaren Raum geschleudert, wo sie sich mit Gas- und Staubwolken vermischen. Aus diesem angereicherten Material bilden sich später neue Sterne und Planetensysteme, so wie vor Milliarden von Jahren auch unser eigenes Sonnensystem. Daher stammt fast jedes Gramm Gold in unseren Schmuckstücken oder technischen Geräten ursprünglich aus einer solchen spektakulären kosmischen Kollision.

BOTSCHAFTEN IM GEFILTERTEN LICHT

Die Erforschung von Exoplaneten-Atmosphären ist eine rasant wachsende Disziplin der Astronomie, die uns Einblicke in die Vielfalt und potenzielle Bewohnbarkeit ferner Welten bietet. Wissenschaftler nutzen hochsensible Techniken, um Informationen über die Zusammensetzung, Temperatur und mögliche Anzeichen von Leben auf fernen Planeten zu sammeln. Durch diese Analysen lernen wir, dass die Atmosphären im Kosmos weit komplexer und vielfältiger sind, als wir es uns früher vorgestellt haben. Jede neue Entdeckung hilft uns dabei, die Einzigartigkeit unserer eigenen Erde im Vergleich zu den Milliarden anderen Welten besser einzuordnen.

Eine der wichtigsten Methoden ist die Transitmethode, bei der Forscher winzige Abschwächungen des Sternenlichts messen, wenn ein Planet vor seinem Mutterstern vorbeizieht. Ein kleiner Teil des Lichts dringt dabei durch die Gashülle des Planeten und trägt danach die chemische Signatur der dortigen Gase in sich. Durch die Analyse dieses gefilterten Lichts können Forscher auf Spuren von Wasserdampf, Methan oder Kohlendioxid stoßen. Diese Informationen ermöglichen präzise Rückschlüsse auf die dortigen Bedingungen und geben Hinweise darauf, ob die Oberfläche des Planeten lebensfreundlich sein könnte.

Ergänzend dazu erlaubt die Spektroskopie, das Licht in seine einzelnen Wellenlängen zu zerlegen und spezifische Absorptionslinien zu identifizieren. Da jedes chemische Element Licht bei ganz bestimmten Wellenlängen absorbiert, hinterlässt es einen unverwechselbaren »Fingerabdruck« im Spektrum. Bisher haben diese Methoden zur Entdeckung von Wasserdampf und sogar möglichen Biosignaturen wie Sauerstoff in fernen Systemen geführt. Diese Erkenntnisse markieren den Beginn einer Ära, in der wir die chemische Zusammensetzung ferner Welten direkt entschlüsseln können.

BOTEN DER VERGÄNGLICHKEIT

Planetarische Nebel zählen zu den ästhetisch beeindruckendsten Erscheinungen im Universum, haben jedoch trotz ihres Namens nichts mit Planeten zu tun. Sie stellen die farbenfrohen Überreste sonnenähnlicher Sterne dar, die am Ende ihres Lebenszyklus ihre äußeren Schichten in den Weltraum abstoßen. Der zurückbleibende, extrem heiße Kern regt die abgestoßenen Gasmassen durch intensive ultraviolette Strahlung zum Leuchten an. Diese flüchtigen Gebilde existieren nur für wenige zehntausend Jahre, bevor sie sich im interstellaren Medium auflösen und unsichtbar werden.

Die leuchtenden Farben der Nebel sind das Resultat chemischer Fingerabdrücke der Sternmaterie. Sauerstoffatome erzeugen oft ein markantes bläuliches oder grünliches Licht, während Wasserstoff und Stickstoff für charakteristische rötliche Farbtöne verantwortlich sind. Durch die Analyse dieser Lichtspektren können Astronomen die genaue chemische Zusammensetzung des sterbenden Sterns entschlüsseln. Die oft komplexen und symmetrischen Strukturen der Nebel entstehen durch Magnetfelder oder die Wechselwirkung mit Begleitsternen, die das Gas in faszinierende Formen lenken.

Diese Nebel spielen eine zentrale Rolle in der chemischen Anreicherung des Kosmos, da sie schwere Elemente aus dem Sterninneren in das All zurückgeben. Aus diesen über Jahrmillionen verteilten Materialien entstehen später neue Sterne, Planeten und letztlich auch organisches Leben.

Darüber hinaus können die bei der Ausstoßung entstehenden Schockwellen die Verdichtung entfernter Gaswolken auslösen und so die Geburt einer neuen Generation von Sonnen einleiten. Das Studium dieser Objekte gewährt uns somit einen direkten Blick auf die Zukunft unseres eigenen Sonnensystems.

UNSICHTBARER REGEN AUS DEM ALL

Neutrinos sind äußerst geheimnisvolle Elementarteilchen, die fast ungehindert das gesamte Universum durchqueren. Als fundamentale Bausteine der Materie besitzen sie keine elektrische Ladung und eine so geringe Masse, dass sie kaum mit anderen Partikeln wechselwirken. In jeder Sekunde rasen Milliarden dieser »Geisterteilchen« durch unseren Körper, ohne eine Spur zu hinterlassen. Aufgrund dieser Eigenschaft können sie selbst die dichtesten Regionen des Alls verlassen, die für Licht oder andere Strahlung völlig undurchdringlich wären.

Ihre Entstehung ist eng mit den gewaltigsten Prozessen im Kosmos verknüpft, wie etwa den Fusionsreaktionen im Inneren der Sonne oder den Explosionen von Supernovae. Da sie auf ihrem Weg durch das Vakuum kaum abgelenkt werden, fungieren sie als perfekte Boten, die Informationen direkt aus dem Zentrum astrophysikalischer Extremereignisse zu uns tragen. Die Detektion dieser Teilchen erfordert jedoch gigantische Anlagen, die oft tief unter der Erde oder im ewigen Eis errichtet werden, um störende Einflüsse abzuschirmen. Hochenergetische Ereignisse in fernen Galaxienkernen schleudern diese Teilchen zudem mit nahezu Lichtgeschwindigkeit in den interstellaren Raum.

Die Erforschung der Neutrinos ermöglicht es der Wissenschaft, fundamentale physikalische Gesetze unter extremen Bedingungen zu prüfen. Möglicherweise liefern diese Teilchen sogar den entscheidenden Schlüssel zum Verständnis der Dunklen Materie oder anderer bisher ungeklärter Phänomene der modernen Kosmologie. Trotz der enormen technischen Herausforderungen bei ihrer Erfassung sind Neutrinos unverzichtbar für unser Bild des Universums. Ihr Studium markiert den Übergang zu einer neuen Ära der Astronomie, in der wir das All nicht mehr nur mit Licht betrachten.

AUFBRUCH ZU DEN STERNEN

Die Geschichte der Raumfahrt ist eine faszinierende Reise, welche die Menschheit an die Grenzen des Vorstellbaren geführt hat. Alles begann am 4. Oktober 1957, als die Sowjetunion mit Sputnik 1 den ersten künstlichen Satelliten erfolgreich in die Erdumlaufbahn schickte. Dieses historische Ereignis markierte den Beginn des Weltraumzeitalters und entfachte einen technologischen Wettlauf zwischen den Supermächten USA und UdSSR. In den folgenden Jahren trieb diese Konkurrenz die Entwicklung von Raketentechnik und Lebenserhaltungssystemen in einem beispiellosen Tempo voran.

Am 20. Juli 1969 erreichten die USA mit der Apollo 11-Mission einen Kulminationspunkt, als Neil Armstrong als erster Mensch den Mond betrat. In den Jahrzehnten danach verschob sich der Fokus auf die internationale Zusammenarbeit und die unbemannte Erkundung unseres Sonnensystems. Sonden besuchten die äußeren Planeten, während die Internationale Raumstation (ISS) zu einem dauerhaften Außenposten der Forschung im Orbit wurde. Diese wissenschaftlichen Erfolge haben unser Verständnis für die Dynamik der Planeten und die Ursprünge des Lebens massiv erweitert.

Heute steht die Raumfahrt vor einem radikalen Wandel durch den Eintritt privater Akteure wie SpaceX und Blue Origin. Diese Unternehmen treiben die Wiederverwendbarkeit von Raketen voran und senken dadurch die Kosten für den Zugang zum Weltraum erheblich. Ambitionierte Pläne für eine dauerhafte Präsenz auf dem Mond und bemannte Missionen zum Mars prägen die aktuelle Agenda.

Letztlich zeigt die Entwicklung der Raumfahrt, wie aus kühnen Träumen und politischem Wettbewerb eine globale technologische Revolution wurde, die uns nun den Weg zu anderen Welten ebnet.

REISE INS UNGEWISSE

Die Zukunft der Astronomie verspricht ein aufregendes Zeitalter voller technologischer Innovationen, die uns einen noch tieferen Einblick in das Gefüge des Universums ermöglichen. Neue Generationen von Teleskopen, sowohl auf der Erde als auch im Weltraum, stehen bereit, um die Grenzen unseres Wissens über den Kosmos massiv zu erweitern. Durch den Einsatz fortschrittlicher Bildverarbeitungstechniken werden wir in der Lage sein, noch weiter in die Vergangenheit des Alls zu blicken und bisher unentdeckte Galaxien in ihrer Entstehungsphase zu beobachten. Jedes neue Instrument fungiert dabei als schärferes Auge, das die Dunkelheit des Weltraums mit beispielloser Präzision durchdringt.

Zukünftige Forschungen werden maßgeblich von der Gravitationswellen-Astronomie und der Untersuchung von Extremobjekten wie Schwarzen Löchern geprägt sein. Diese Methoden erlauben es uns, das Universum nicht mehr nur durch Licht, sondern durch die Erschütterungen der Raumzeit selbst zu »hören«. Durch die weltweite Zusammenarbeit internationaler Forscherteams werden wir tiefer in die Geheimnisse der Materie eindringen und Antworten auf die fundamentalsten Fragen der Astrophysik finden. Die Kombination verschiedener Beobachtungsdaten wird dabei helfen, Phänomene zu verstehen, die bisher als unlösbare Rätsel galten.

In den kommenden Jahrzehnten könnten wir zudem den entscheidenden Durchbruch bei der Suche nach außerirdischem Leben erzielen. Die gezielte Analyse von Exoplaneten-Atmosphären und neue Methoden zur Detektion von Biosignaturen rücken die Entdeckung einer zweiten Erde in greifbare Nähe. Dieses goldene Zeitalter der Erkenntnisse wird unser Verständnis von der Stellung des Menschen im Kosmos für immer verändern. Der Blick in die Zukunft zeigt: Die größten Wunder des Universums warten erst noch auf ihre Entdeckung.

BIG FREEZE ODER BIG CRUNCH

Die Zukunft des Universums ist eines der größten Rätsel der Kosmologie und regt zu faszinierenden Spekulationen über das ultimative Ende von Raum und Zeit an. Wissenschaftler untersuchen verschiedene Szenarien, die auf der aktuellen Verteilung von Materie und Energie basieren. Wie sich der Kosmos entwickeln wird, hängt maßgeblich vom Zusammenspiel zwischen der Gravitation und der expansiven Kraft der Dunklen Energie ab. Diese Untersuchungen führen uns an die Grenzen der theoretischen Physik und stellen unser Verständnis der Naturgesetze auf eine harte Probe.

Eine weit verbreitete Theorie ist das Szenario der ewigen Ausdehnung, in dem die Dunkle Energie – die etwa 68% des Energiegehalts des Kosmos ausmacht – die Galaxien immer schneller auseinanderstrebt. In diesem Modell wird das Universum zunehmend kälter und leerer, da die Sterne allmählich ihren Brennstoff verbrauchen und keine neuen Sonnen mehr entstehen. Dieser sogenannte »Big Freeze« oder Kältetod würde in einer fernen Zukunft zu einem völlig dunklen Raum führen, in dem selbst Atome zerfallen. Die Expansion wäre in diesem Fall unaufhaltsam und würde die Struktur des Raums für immer auseinanderziehen.

Eine alternative Möglichkeit bietet der »Big Crunch«, bei dem die Expansionskraft irgendwann erschöpft ist und die Gravitation die Oberhand gewinnt. In diesem Fall würde sich die Bewegung umkehren und das Universum begänne, sich in sich selbst zusammenzuziehen, bis es in einem extrem heißen und dichten Zustand kollabiert. Ein solches Ende könnte theoretisch den Keim für einen neuen Urknall in einem zyklischen Modell bilden. Weltweit arbeiten Forscher daran, durch die präzise Vermessung der Expansionsrate ein klareres Bild davon zu gewinnen, welcher dieser Wege unser endgültiges Schicksal bestimmen wird.

ZUM SCHMUNZELN

Ein leidenschaftlicher Hobbyastronom und seine Freundin haben sich für eine romantische Nacht unter freiem Himmel entschieden, perfekt ausgestattet mit einem High-Tech-Zelt und einem sündhaft teuren Teleskop. Während er stundenlang fachsimpelte, bis sie schließlich erschöpft im Zelt einschliefen, genossen sie die absolute Abgeschiedenheit in der Wildnis. Mitten in der Nacht weckt sie ihn jedoch mit einem kräftigen Stoß in die Rippen und sagt:

»Schau mal nach oben!«
»Wow. Was ein toller Sternenhimmel!«
»Fällt Dir noch etwas auf?«
»Ja, der Saturn ist schon aufgegangen.«
»Noch etwas?«
»Die Milchstraße ist heute wunderbar zu sehen.«
»Schau doch mal genau hin!«
»Meinst Du die vielen Sternschnuppen?«
»Nein! Unser Zelt wurde geklaut!«

Ein Physiker, ein Mathematiker und ein Astronom stehen vor einer Fahnenstange und beratschlagen, wie sie am besten deren Höhe bestimmen. Der Physiker ist dafür, die Schwerkraft an beiden Enden zu messen und aus der Meßdifferenz ... Der Astronom will den Winkel zu Sirius und zum Andromedanebel bestimmen, dies lässt in Bezug auf die Weltenachse ... Der Mathematiker faselt etwas von Triangulation und Winkel-Funktionen ...

Kommt der Hausmeister des Weges und meint, warum legt ihr die Stange nicht einfach um und messt sie ab. Kaum ist er weggegangen, meint der Physiker: »Da sieht man es wieder, diese Laien haben keine Ahnung, wir diskutieren über die Höhe und er schlägt uns ein Verfahren zur Bestimmung der Länge vor!«

LESEN. BEWERTEN. VERBESSERN!

Vielen Dank von Herzen, dass Sie sich die Zeit genommen haben, dieses Buch bis zur letzten Seite zu begleiten. Ihre Entscheidung, meine Arbeit zu lesen, ist das schönste Kompliment, das ich als Autor erhalten kann. Ihre Unterstützung ist der wahre Antrieb hinter meiner Arbeit!

Ich hoffe aufrichtig, dass diese Reise durch die Seiten Ihnen genau das gebracht hat, was Sie gesucht haben – sei es tiefe Freude, spannendes neues Wissen oder wertvolle Inspiration für Ihren Alltag.

»Warum Ihre Bewertung den Unterschied macht«

Wenn Ihnen dieser Inhalt gefallen und Sie gut unterhalten oder informiert hat, möchte ich Sie heute um einen kleinen Gefallen bitten, der für mich persönlich von unschätzbarem Wert ist: Nehmen Sie sich bitte zwei Minuten Zeit für eine ehrliche Bewertung auf Amazon.

Für unabhängige Autorinnen und Autoren wie mich ist eine Rezension weit mehr als nur eine Zahl. Sie ist Gold wert, denn sie fungiert als wichtigster Wegweiser für neue Leser.

Ihre positive Rückmeldung signalisiert der Welt, dass dieses Buch lesenswert ist und hilft dem Amazon-Algorithmus, meine Werke Menschen vorzuschlagen, die genau wie Sie auf der Suche nach fesselndem Lesestoff sind. Sie tragen direkt dazu bei, dass meine Geschichten und Themen gehört werden.

Mit Ihrer Bewertung helfen Sie nicht nur mir, sondern ermöglichen auch anderen, dieses Buch zu entdecken und zu genießen. Sie ist die Brücke zwischen meinem Buch und seinem nächsten Leser.

Und so geht's:

1. Loggen Sie sich in Ihr Amazon Account ein
2. Navigieren Sie zu »Ihre Bestellungen«
3. Suchen Sie die Bestellung zu diesem Buch
4. Klicken Sie auf »Schreiben Sie eine Produktrezension«

Oder schnell und einfach zur Rezension:

Es dauert nur einen Moment: Scannen Sie bitte den QR-Code, um direkt bei Amazon eine kurze Rezension für dieses Buch zu hinterlassen.

Vielen Dank!

Lindsay Moon

BUCHSERIE »UNNÜTZES WISSEN«

Hand aufs Herz: Wie oft haben Sie beim Lesen dieses Buches innegehalten und gedacht: »Das gibt es doch gar nicht!«? Genau dieses Gefühl des Staunens ist es, was uns antreibt. Sie haben gerade einen tiefen Einblick in die Kuriositäten und Wunder unserer Welt erhalten – doch wir versprechen Ihnen: Das war erst die Spitze des Eisbergs.

Meine gesamte Buchreihe »Unnützes Wissen« ist eine einzige Hommage an die Neugier. Ich jage unermüdlich nach den spannendsten Fakten, den unglaublichsten Rekorden und den schrägsten Geschichten aus allen erdenkbaren Wissensbereichen. In jedem weiteren Buch dieser Serie wartet eine völlig neue Mischung an Aha-Momenten auf Sie, die Ihren Geist wachhalten und Sie immer wieder aufs Neue überraschen werden.

Bleiben Sie ein Entdecker! Mit jedem Buch dieser Reihe sammeln Sie nicht nur faszinierendes Wissen, sondern auch den perfekten Stoff für gute Gespräche und Momente des gemeinsamen Lachens. Das Universum der verblüffenden Fakten ist grenzenlos – und ich habe es mir zur Aufgabe gemacht, Ihnen die besten Stücke daraus zu präsentieren. Welches Wissensgebiet darf Sie als Nächstes verzaubern? Ihre Entdeckungsreise ist noch lange nicht zu Ende – hier finden Sie weiteren Nachschub für Ihre Neugier:

Neugierig geworden?

Scannen Sie bitte den QR-Code, um die anderen spannenden Titel der Buchreihe »Unnützes Wissen« auf Amazon zu entdecken.

BUCHREIHE »BEWUSST LEBEN«

Es ist ein wunderbares Privileg, neugierig zu sein. Sie haben gerade eine Reise durch verblüffende Fakten und kuriose Erkenntnisse hinter sich gebracht und dabei gespürt, wie viel Freude es macht, den eigenen Horizont zu erweitern. Doch es gibt ein Wissensgebiet, das mindestens genauso spannend ist wie die Wunder der Welt: Ihr eigenes Leben und persönliches Wohlbefinden.

Wenn Sie die Neugier, die Sie als Leser meiner Wissensbücher auszeichnet, auf Ihren eigenen Alltag übertragen möchten, ist meine Buchreihe »Bewusst Leben« die ideale nächste Station für Sie. Während meine Faktenbücher den Geist unterhalten, bieten Ihnen diese Ratgeber die Werkzeuge, um Ihr Leben aktiv, gesund und erfüllt zu gestalten.

Ich glaube, dass Wissen erst dann seine volle Kraft entfaltet, wenn es uns hilft, glücklicher und bewusster zu leben. Ob mentale Klarheit, körperliche Balance oder eine neue Sichtweise auf alltägliche Herausforderungen – diese Serie liefert Ihnen die notwendigen Anleitungen für eine höhere Lebensqualität. Tauschen Sie für einen Moment das Staunen über die Ferne gegen konkrete Impulse für Ihr Hier und Jetzt. Sie haben es in der Hand, Ihr Leben genauso faszinierend zu gestalten wie die Fakten in meinen Büchern. Erfahren Sie, wie Sie Ihr Leben mit bewussten Entscheidungen bereichern können:

Neugierig geworden?

Scannen Sie bitte den QR-Code, um die anderen spannenden Titel der Buchreihe »Bewusst Leben« auf Amazon zu entdecken.

LINDSAY MOON: DIE FAKTENJÄGERIN

Die Autorin ist eine unverbesserliche Neugierige. Sie liebt es, die Welt zu verstehen – von der Funktionsweise des menschlichen Gehirns über die großen Ereignisse der Vergangenheit bis hin zu den kleinen, erstaunlichen Gesetzen der Natur. Ihre Bücher sind für alle, die das Gefühl lieben, plötzlich etwas Neues und Faszinierendes gelernt zu haben. Genau diese Begeisterung für das Detail ist ihr Antrieb.

Ihre Stärke liegt darin, dass sie riesige Mengen an Informationen sichtet und das Wirklich-Wichtige herausfiltert. Denn seien wir ehrlich: Das Wissen dieser Welt passt längst nicht mehr in ein einzelnes Regal. Um all die Fakten aus Mathematik, Chemie oder Astronomie zu durchforsten, hat Lindsay einen klugen Helfer. Die Künstliche Intelligenz spielt bei ihrer Recherche eine wichtige Rolle: Sie ist ihr präziser, blitzschneller Recherche-Assistent, der die gigantischen Datenmengen vorordnet. Diese Technologie erlaubt es ihr, die Arbeit von Tausenden von Stunden auf ein menschliches Maß zu reduzieren.

Aber die Entscheidung, was wichtig ist, die Interpretation und das Verfassen der Texte – das bleibt reine Handarbeit von Lindsay Moon. Sie sieht ihre Arbeit als das Entwirren eines riesigen Wissensknäuels, um die schönsten Fäden für uns alle sichtbar zu machen. Ihre Texte sind eine Einladung, die Welt mit offenen Augen zu sehen und sich bei jedem umgeblätterten Kapitel zu wundern, was die Geschichte und die Wissenschaft noch für uns bereithalten.

Für Lindsay gibt es keine uninteressanten Fakten, nur solche, deren Geschichte noch nicht gut erzählt wurde. Sie lädt Sie ein, gemeinsam mit ihr die schrägsten und klügsten Ecken des Wissens zu erkunden. Denn am Ende macht uns das Detailwissen einfach gesprächiger, bunter und ein Stück weit klüger.

IMPRESSUM

Lindsay Moon wird vertreten durch:

Copyright © 2026 Rüdiger Hössel

Erhardstraße 42, 97688 Bad Kissingen, Germany

KDP-ISBN Paperpack: 979-8328184465

Imprint: Independently published

Herstellung: Amazon Distribution GmbH

1. Auflage 2026

***

Die Illustrationen in diesem Buch wurden ganz oder teilweise mit Hilfe von künstlicher Intelligenz erzeugt. Der Einsatz dieser Technologien unterstützt die visuelle Gestaltung und hilft dabei, komplexe Inhalte anschaulicher darzustellen. Ich weise hier offen darauf hin, damit nachvollziehbar bleibt, wie die Bilder entstanden sind. Alle urheberrechtlich relevanten Punkte sowie die Nutzungsrechte wurden vor der Veröffentlichung geprüft und beachtet.

***

Alle Rechte vorbehalten. Kein Teil des Werkes darf in irgendeiner Form (durch Fotokopie, Mikrofilm oder ein anderes Verfahren) ohne schriftliche Genehmigung des Autors reproduziert oder unter Verwendung elektronischer Systeme verarbeitet, vervielfältigt oder verbreitet werden.

www.ingramcontent.com/pod-product-compliance
Lightning Source LLC
Chambersburg PA
CBHW071507220526
45472CB00003B/948